高等职业学校烹饪工艺与营养专业教材
山东省城市服务技师学院特色名校建设系列教材

中式烹调实训教程

Zhongshi Pengtiao Shixun Jiaocheng

刘雪峰　孙录国◎主　编
黄金波　李　荣　李　伟◎副主编

中国轻工业出版社

图书在版编目（CIP）数据

中式烹调实训教程 / 刘雪峰，孙录国主编. —北京：中国轻工业出版社，2024.5

高等职业学校烹饪工艺与营养专业教材

ISBN 978-7-5184-2000-1

Ⅰ.①中… Ⅱ.①刘… ②孙… Ⅲ.①烹饪—方法—中国—高等职业教育—教材 Ⅳ.① TS972.117

中国版本图书馆CIP数据核字（2018）第137166号

责任编辑：史祖福　方　晓　　责任终审：劳国强　　设计制作：锋尚设计

策划编辑：史祖福　　　　　　责任校对：吴大朋　　责任监印：张　可

出版发行：中国轻工业出版社（北京鲁谷东街5号，邮编：100040）

印　　刷：艺堂印刷（天津）有限公司

经　　销：各地新华书店

版　　次：2024年5月第1版第4次印刷

开　　本：787×1092　1/16　印张：10

字　　数：200千字

书　　号：ISBN 978-7-5184-2000-1　定价：58.00元

邮购电话：010-85119873

发行电话：010-85119832　010-85119912

网　　址：http://www.chlip.com.cn

Email：club@chlip.com.cn

本书编写委员会

主　编　刘雪峰　孙录国
副主编　黄金波　李　荣　李　伟
编　委　孙巨义　刘明彦　吕守奎　高均江　刘学贤　郝庆良
　　　　杜敦亭　杨永臻　姜大伟　沈玉宝　冯雪芳　刘　杰
　　　　张　翰　王　亮　宋　旭　徐立文

传承鲁菜
创新鲁菜

王义均

2017.8.10.

烹饪名校

桃李满园

山东省城市服
务技师学校

大董

丁酉青夏

为了更好地适应烹饪专业一体化教学要求，让学生在实训过程中有章可循、有据可查，山东省城市服务技师学院组织专业老师编写了这本《中式烹调实训教程》。

多年以来，编写一本理论和实训相结合，适用烹饪专业学生的实训教程，是我院烹饪专业教师的夙愿。本教程结合高职院校学生特点和我院教师专长，参照了国家中式烹调师职业标准，注重知识传授和技能培养相结合，图文并茂，增强了该教材的适用性和实践性。同时根据行业发展需要，该教材充实了新知识、新方法、新工艺等，力求使教材具有鲜明的时代性。

该实训教程主要分为三大模块，分别是刀工与料形实训、冷菜制作实训、热菜制作实训。

本教程由刘雪峰、孙录国担任主编，黄金波、李荣、李伟担任副主编，孙巨义、刘明彦、吕守奎、高均江、刘学贤、郝庆良、杜敦亭、杨永臻、姜大伟、沈玉宝、冯雪芳、刘杰、张翰、王亮、宋旭、徐立文等参与编写。

本教程在编写过程中，参阅了大量文献资料。借此机会，对相关资料作者表示诚挚的谢意。本教材编写过程中还得到了学院教务处的大力支持，并提出重要修改意见，在此一并致谢。

由于编写时间仓促和编者水平所限，教材中不当之处在所难免，恳请使用本教材的教师、学生及有关专家同行不吝赐教，以便再版时修正，使之日臻完善。

编　者

2018年6月

刀工与料形实训

冷菜制作实训

模块一

刀工与料形
实训

课程1 直刀法

学习单元1 切

一、直切

1. 操作方法

直切又称跳切，是刀与菜墩或原料垂直，运刀方向直上直下的刀法。

行刀时刀身始终平行于原料截面，既不前后移位，又不左右偏斜，一刀一刀有规律地、呈跳动状地、笔直地切下去。

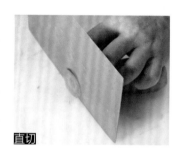
直切

2. 适用原料

直切适用于脆性的植物原料，如黄瓜、土豆、萝卜、莴笋等。

3. 操作要点

（1）左手指自然弓曲，并用中指第一指关节抵住刀身，按稳所切原料，根据原料的加工规格（长短、厚薄），呈蟹爬姿势不断退后移动；右手持稳切刀，运用腕力，刀身紧贴着左手中指第一指关节，并随着左手移动，按原料加工规格为移动的距离，一刀一刀灵活跳动地直切下去。

（2）刀与菜墩和原料垂直，不能偏内斜外，以使加工后的原料整齐、均匀、美观，同时保证原料切断而不相连。

（3）两手必须有规律地配合。切时从右到左，在切刀距离相等的情况下，做匀速运动。不能忽宽忽窄或产生空切或切伤手指等。

（4）在保证原料规格要求的前提下，逐步加快刀速，做到好、稳、快的熟练程度。

（5）所切原料不能堆码太高或切得过长，如原料体积过大，应放慢运刀速度。

二、推切

1. 操作方法

推切

推切是刀与菜墩和原料垂直，运刀方向由原料的上方向前下方推进的切法。行刀时，刀由原料的后上方向前下方推切下去，一刀推到底，不需要再拉回来。

2. 适用原料

推切法适合于细嫩而有韧性的原料，如猪肉、牛肉、羊肉、猪肝、猪腰等。

3. 操作要点

（1）持刀要稳，靠小臂和手腕用力，从刀前部位推至刀后部位时，刀刃才完全与菜墩吻合，一刀到底，保证断料。

（2）推切时，进刀轻柔有力，下刀刚劲，干脆利落，前端开片，后端断料。用力均匀而有规律。

（3）对一些质地稍嫩的原料，如肝、腰等，下刀宜轻；对一些韧性较强的原料，如猪肉、猪肚等，进刀的速度宜缓。

三、拉切

1. 操作方法

拉切

拉切又称拖刀切，是指运刀方向由前上方向后下方拖拉的切法。拉切时，刀口不是平着向下，而是刀前端略低，刀后跟略高，成一定的倾斜度，刀的着力点在前端，由前端向后端拖拉切原料。

2. 适用原料

拉切适用于体积薄小、质地细嫩而易裂的原料，如鸡脯肉、嫩瘦肉等。

3. 操作要点

（1）拉切时进刀向前推切一下，再顺势向后下方一拉到底。

（2）要注意刀刃与菜墩的吻合，保证断料效果。

四、推拉切

1. 操作方法

推拉切又称锯切，是刀与菜墩和原料垂直，运刀方向前后来回推拉的切法。行刀时先将刀向前推切，推到一定程度，再向后拉切。这样一推一拉，像拉锯一样地切下去。

2. 适用原料

推拉切适用于质地坚韧或松软易碎的熟料，如带筋的瘦肉、白肉、回锅肉、火腿、面包、甜烧白、卤牛肉等。

3. 操作要点

（1）下刀要垂直，不偏外也不偏内。否则，不仅加工原料的形状、厚薄、大小不一，而且还会影响到以后下刀的效果。

（2）下刀宜缓，不能过快。否则，遇到某些特别坚韧的原料时就力不从心，导致运刀紊乱，使切出的料不符合要求或切伤手指。

（3）下刀用力不宜过重，手腕灵活，运刀要稳，收刀干脆。有些易碎、易散的原料，若下刀过重，由于它承受不了太大的压力就会碎裂散烂；收刀过缓会使已切而未断开的原料因施力和摇摆而碎裂。

（4）推拉切时，左手按稳原料，一刀未切完时，手不能移动。

（5）对特别易碎、裂、烂的原料，则应酌情增加厚度，以保证成形完整。

五、滚料切

1. 操作方法

滚料切又称为滚刀切、滚切，是指刀与菜墩或原料垂直，所切原料随刀的运动而不断滚动的切法。行刀时，刀和原料都要按所需的规格定好角度，双手动作协调，左手送料及右手下刀紧密结合，切成不规则的多面体。

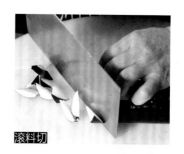

滚料切

2. 适用原料

滚料切法适用于质地脆嫩，体积较小的圆形或圆柱形的植物原料，如胡萝卜、土豆、笋、芋头等。

3. 操作要点

（1）左手控制原料，按要求以一定的角度滚动。

（2）右手下刀时，角度及运刀速度要与原料的滚动紧密配合。下刀准确，刀身不能与原料横截面平行，而是成一定的角度，角度小则原料成形长，反之则短。

六、铡切

1. 操作方法

铡切

刀与菜墩或原料垂直，刀的中端或前端都要压住原料，然后再压切下去的切法。铡切的方法具体有三种：①交替铡切，右手握住刀柄，左手按住刀背前端，运刀时，刀跟着墩，刀尖则抬起；刀跟抬起，刀尖则着墩。刀尖、刀跟一上一下，反复切断料。②单压铡切，持刀方法与前相同，只是把刀刃平压住原料，运刀时，平压用力铡切下去断料。③击掌铡切，右手握住刀柄，将刀刃前端部位放在原料要切的部位，然后用左掌猛力击前端刀背，铡切断料。

2. 适用原料

铡切适用于圆形、体小、易滑或略带小骨的原料，如花椒、烧鸡、卤鸡、蟹等。

3. 操作要点

（1）双手配合，用力均匀、恰到好处，以能断料为度。

（2）要压住原料需要切的位置，不使其移动，防止切料跳动散失。

（3）刀身要直，压切动作宜快，干净利索，一刀切好，以保证原料的断面整齐。

学习单元2　剁

一、排剁

1. 操作方法

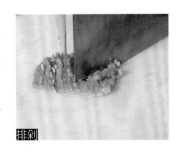
排剁

剁是指刀垂直向下频率较高地斩碎原料的刀法。剁时右手持刀稍高于原料，运刀时以手腕力为主，带动小臂，刀口垂直向下反复斩碎原料。为了提高工作效率，通常左右手持刀同时操作。这种方法也叫排剁。

2. 适用原料

剁适用于去骨后的肉类和部分蔬菜原料。

3. 操作要点

（1）一般两手持刀，保持一定的距离。

（2）运用腕力，提刀不宜过高，以剁断原料为准。

（3）匀速运刀，同时左右来回移动，并酌情翻动原料。

（4）原料要先切后剁，最好先切成厚片或小块，这样易剁碎，粒粒散开。

（5）为防止肉粒粘刀、飞溅，剁时可随时将刀入清水中浸润再剁。

（6）剁时注意用力适度，避免剁坏菜墩。

二、刀尖排

1. 操作方法

操作时要求刀要做垂直上下运动，用刀尖或刀跟在片形原料上扎上一些分布比较均匀的刀纹，用以剁断原料内的筋络，防止原料因受热而卷曲变形，同时便于原料入味和扩大受热面积，便于成熟。

刀尖排

2. 适用原料

呈厚片形的韧性原料，如大虾、通脊肉、鸡脯肉等。

3. 操作要点

（1）刀具要保持垂直起落。

（2）刀距间隙要均匀。

（3）用力不要过大，将原料扎透即可。

三、刀背排

1. 操作方法

左手扶墩，右手持刀（或双手持刀），刀刃朝上，刀背朝下，捶击原料。当原料被捶击到一定程度，将原料铲起归堆，再反复捶击，直至符合加工要求。

刀背排

2. 适用原料

经过细选的韧性原料，如鸡脯肉、里脊肉、虾肉、肥肉、净鱼肉等。

3. 操作要点

（1）刀背要与菜墩面垂直。

（2）用力均匀，抬刀不要过高，避免将原料甩出。

（3）要勤翻动原料。

学习单元3 砍

一、直刀砍

1. 操作方法

左手扶稳原料，右手持刀，将刀举起，用刀刃中前部对准原料要砍的部位，一刀将原料砍断。

直刀砍

2. 适用原料

形体较大的韧性原料，如整鸡、整鸭、鱼、排骨、大骨、大块肉等。

3. 操作要点

（1）右手握牢刀柄，防止脱落。

（2）落刀要有力，准确，尽量不重刀将原料一刀砍断。

二、跟刀砍

1. 操作方法

左手扶稳原料，右手持刀，用刀刃的中前部对准原料要砍的部位快速砍入，紧嵌入原料内部，左手持原料与刀同时举起用力向下砍断原料。

2. 适用原料

鸡爪、猪蹄、小形冻肉等。

3. 操作要点

（1）刀刃要紧紧地嵌入原料内部。

（2）原料与刀同时举起同时落下，向下用力砍断原料。

（3）一刀未断时，可连续再砍，直至将原料砍断为止。

跟刀砍1　　　　　　　　跟刀砍2　　　　　　　　跟刀砍3

三、拍刀砍

1. 操作方法

左手扶稳原料，右手持刀，用刀刃对准原料要砍的部位。左手离开原料并举起，用掌心或者掌跟拍击刀背使原料断开。

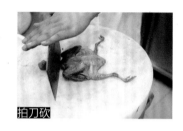

拍刀砍

2. 适用原料

圆形、易滑、质硬、带骨的韧性原料，如鸭头、鸭脖、酱鸡等。

3. 操作要点

（1）原料要放平稳。

（2）掌心或掌跟拍击刀背时要用力。

（3）连续拍击刀背直至将原料砍断为止。

课程2　平刀法

一、平刀直片

1. 操作方法

将原料放在墩面里侧，左手伸直按住原料，右手持刀，刀身端平，对准原料上端被片的位置，从右向左做水平直线运动，将原料片断。

平刀直片

2. 适用原料

软嫩原料，如豆腐、鸡血、猪血等；脆性原料，如土豆、黄瓜、胡萝卜、莴笋、冬笋等。

3. 操作要点

（1）刀身要端平，保持水平直线片进原料，刀具运动时，下压力要小，避免将原料挤压变形。

（2）刀身端平，刀在运动时，刀膛要紧贴原料，从右向左运动，使片下的原料形状均匀一致。

二、平刀推片

1. 操作方法

（1）上片法操作方法　将原料放在墩面里侧，距离墩面约3厘米。左手按住原料，手掌作支撑，右手持刀用刀刃的中前部对准原料上端被片的位置，刀从右后方向左前方片进原料，将刀移至原料右端，将片下的原料贴在墩面。

平刀推片

（2）下片法操作方法　将原料放在墩面右侧，左手按住原料，右手持刀，刀身端平，用刀刃前部对准原料被片的位置，刀从右后方向左前方片，至原料断开，将片下的原料一端挑起，左手随即将原料拿起放置在墩面。

2. 适用原料

韧性较弱的原料，如通脊肉、鸡脯肉等。

3. 操作要点

（1）刀要端平，用刀膛加力压贴原料，动作要连贯紧凑，连续推片将原料片开为止。

（2）原料要按稳，防止滑动，刀片进原料后左手施加向下压力，尽可能将原料一刀片开，一刀未断可连续推片，直至片开原料。

三、平刀拉片

1. 操作方法

拉刀片是指刀与菜墩或原料接近平行，刀前端从原料右上角进刀，然后由外向里运刀断料的片

法。操作时，左手按稳原料，右手持刀，刀前端片进原料左上角，到一定深度后，顺势一拉，片下原料。

2. 适用原料

拉刀片适用于体积小，嫩脆或细嫩的动植物原料，如莴笋、萝卜、蘑菇、猪腰、鱼肉等。

3. 操作要点

（1）刀身始终与原料平行，出刀果断有力，一刀断面。

（2）左手手指平按于原料上，力量适当，既固定原料，又不影响刀的运行。

（3）左手食指与中指应分开一些，以便观察每片的厚薄。随着刀的片进，左手的手指尖应稍翘起。

四、平刀推拉片

1. 操作方法

推拉刀片是指来回推拉的片法。将平刀推片和平刀拉片连贯起来，反复推拉，直到原料全部断开为止。

推拉刀片可结合原料的厚薄、形状，有从上起片或从下起片两种方法。从上起片时可以用目测到左手食指与中指缝间所片原料的厚度，便于掌握厚薄，直至逐一片完，但原料成形不易平整。从下起片原料成形平整，但因在起片时只能以菜墩的表面为依托来估计刀刃与菜墩之间的距离，难于掌握厚薄。

2．适用原料

推拉刀片适用于体形大，韧性强，筋较多的原料，如牛肉、猪肉等。

3．操作要点

基本上与拉刀片相同。只是由于推拉刀片要在原料上一推一拉反复几次，手持刀时更要持稳、端平，刀始终平行于原料，随着刀的片进，左手指逐渐翘起，用掌心按稳原料。

课程3　斜刀法

一、斜刀拉片

1. 操作方法

斜刀拉片又称飞刀片、抹刀片，是刀刃向左，刀与菜墩和原料成锐角，运刀方向倾斜向下，一刀断料的方法。操作时以左手按稳原料的左端，右手持刀，刀刃向左，定好厚薄后，刀身呈倾斜状片进原料，直片到原料左下方将原料断面。

2. 适用原料

此法适用于质软、性韧、体薄的原料，如鱼肉、猪腰、鸡脯肉等。

3. 操作要点

（1）运用腕力进刀轻准，出刀果断。

（2）左手手指轻轻按稳所片的原料，在刀刃片断原料的同时左手顺势将片下的原料向后带，再接着片第二片，两手动作有节奏地配合。

（3）注意掌握落刀的部位、刀身的斜度及运刀的动作以控制片的厚薄。

斜刀拉片1　　　　　斜刀拉片2　　　　　斜刀拉片3

二、斜刀推片

1. 操作方法

斜刀推片又称反刀斜批，是指刀身向外，刀与菜墩和原料由内向外的片法。

反刀斜批时，右手持刀向怀内成倾斜状并靠着左手指背，左手指背贴着倾斜的刀身，刀背向里刀刃向外，进刀后由里向外将原料片断。

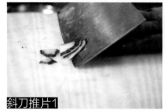
斜刀推片1

斜刀推片2

2. 适用原料

此刀法适用于体薄、韧性强的原料，如玉兰片、熟肚等。

3. 操作要点

（1）左手按稳原料，并以左手指背抵住刀身，右手持稳刀，使刀身紧贴左手指背片进原料。左手以同等的距离向后移动，使片下的原料在形状、厚薄上一致。

（2）运刀时，手指随运刀的角度变化而抬高或放低，运刀角度的大小，应根据所片原料的厚度和对原料成形的要求而定。

（3）刀不宜提得过高，以免伤手。

课程4 剖花工艺

学习单元1 菊花花刀、麦穗花刀、荔枝花刀、蓑衣花刀

一、菊花花刀

1. 操作方法

运用直刀推剖的刀法完成。在原料上剖上横竖交错的刀纹，深度为原料的4/5，两刀相交为90°，改刀切成3厘米×3厘米的正方块。经加热即卷成菊花形状。

2. 适用原料

鸡胗、鸭胗、里脊肉等。

3. 操作要点

（1）刀距、刀纹深浅要均匀一致。

（2）要选择肉质稍厚的原料。

菊花花刀1　　　　　　　　菊花花刀2　　　　　　　　菊花花刀3

二、麦穗花刀

1. 操作方法

用直刀推剖和斜刀左上角推剖的刀法完成。先在原料左上角斜刀推剖，斜刀角度为40°，刀纹深度为原料的2/3。再转一个角度直刀推剖，直刀剖与斜刀剖相交，以70°~80°为宜，深度是原料的4/5。最后改刀成3厘米宽，6厘米长的条。经加热后刀纹即卷成麦穗形状。

14

2. 适用原料

腰子、鱿鱼、墨鱼、肚头等。

3. 操作要点

剞刀的倾斜角度越小，麦穗就越长。倾斜角度大小视原料厚薄调整。

麦穗花刀1

麦穗花刀2

麦穗花刀3

麦穗花刀4

麦穗花刀5

三、荔枝花刀

1. 操作方法

运用直刀推剞的刀法完成。先用直刀推剞，深度为原料的4/5，再转一个角度直刀推剞，深度也是原料的4/5，两刀相交为80°，然后改刀切成边长约为3厘米的等边三角形。经加热后即卷成荔枝形状。

2. 适用原料

猪腰、鱿鱼、猪肚等。

3. 操作要点

刀距、深浅、分块都要均匀一致。

荔枝花刀1

荔枝花刀2

荔枝花刀3

荔枝花刀4

四、蓑衣花刀

1. 操作方法

a. 先在原料的一面直刀剞上深度为原料厚度4/5的刀纹，再斜刀推剞上深度为原料厚度4/5的刀纹，然后将原料翻起，在另一面用斜刀推剞上深度为原料4/5的刀纹。最后改刀切成长约2厘米，宽约2.5厘米的长方形。

b. 将原料一面斜剞上一字刀纹，深度为原料厚度的2/3。然后将原料的另一面直剞上一字刀纹，深度为原料的2/3，与斜一字刀纹相交。

2. 适用原料

猪肚、猪腰子、黄瓜、萝卜、豆腐干等。

3. 操作要点

刀距、深浅、分块都要均匀一致。

蓑衣花刀a-1

蓑衣花刀a-2

蓑衣花刀b-1

蓑衣花刀b-2

蓑衣花刀b-3

蓑衣花刀b-4

学习单元2 柳叶花刀、多十字花刀、牡丹花刀、松鼠鱼花刀

一、柳叶花刀

1. 操作方法

运用斜刀推（或拉）剞在原料两面均匀剞上宽窄一致的柳叶形刀纹（类似叶脉的刀纹）。

2. 适用原料

牙片鱼、鲫鱼、武昌鱼、加吉鱼等。

3. 操作要点

刀距、刀纹深浅均匀一致。背部刀纹要深一些。

柳叶花刀1　　　　　　　柳叶花刀2　　　　　　　柳叶花刀3

二、多十字花刀

1. 操作方法

用直刀法在鱼两侧
剃交叉十字刀纹或用斜
刀法剃十字刀纹，刀纹
间距较密集。

多十字花刀1　　　　　多十字花刀2

2. 适用原料

体大而长的鱼类。

3. 操作要点

十字形的大小、方向和数量根据鱼的种类和烹调要求不同灵活掌握。

三、牡丹花刀

1. 操作方法

用直刀推剃和平刀推剃的方法加工而成。先直刀推剃至鱼骨，再沿鱼骨平刀
推剃或拉剃3.5厘米左右，翻起鱼肉在根部拉剃一刀，按此法将鱼体两面分别剃
6~7刀，经加热后鱼肉翻卷，形似牡丹。

牡丹花刀1　　　　　牡丹花刀2　　　　　牡丹花刀3　　　　　牡丹花刀4

2. 适用原料

脊背肉较厚的鱼类，如黄鱼、鲤鱼等。

3. 操作要点

刀纹间距不要过疏，也不必太密，间距一般以3.5厘米为宜。刀刃的运行带一定的弧度效果更好。

四、松鼠鱼花刀

1. 操作方法

在原料肉面逆纤维走向斜剞4/5至皮的刀纹，再顺向直剞4/5至皮的刀纹，交叉90°。

2. 适用原料

黄鱼、鳜鱼、鲈鱼等。

3. 操作要点

刀距、深浅、斜刀角度都要一致。

松鼠鱼花刀1

松鼠鱼花刀2

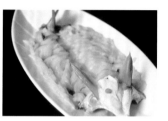
松鼠鱼花刀3

课程5　料形

学习单元1 段、块、片、条

一、段

将原料横截成自然小节或断开叫段。段和条相似，但比条宽一些或比条长一些，保持原来物体的宽度是段的主要特征。另外，段没有明显的棱角特

段1

段2

征。加工段原料时常用的刀法有直切、推切、推拉切、拉切、剁等。因此，在形态上段可分为直刀段与斜刀段。段的大小长短可根据原料的品种、烹调方法、食用要求灵活掌握。

二、块

块是菜肴原料中一种较大形状。块的成形通常使用切、剁、斩等直刀法。形体较厚、质地较老以及带骨的原料一般采用剁、斩的刀法。质地较软

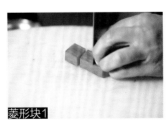
菱形块1

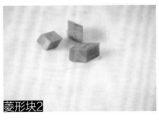
菱形块2

嫩，不带骨的原料主要是用切的刀法。块的大小一方面取决于原料所切成条的宽窄、厚薄，另一方面取决于不同的刀法。块的种类很多，常用的有象眼块、正方块、骨牌块、滚刀块等。各种块料的选择应根据烹调的需要以及原料的性质、特点来决定。

三、片

片是具有扁薄平面结构的块料，片的成形一般采用直刀法中的切（如直切、推切、拉切、锯切等）、斜刀法（斜刀拉片、斜刀推片）、平刀法（直片、推拉片）或削等刀法来完成。常用的片形有菱形片、月牙片、柳叶片、长方片等。片的大小、厚薄、形状要根据原料的品质和烹调方法确定。

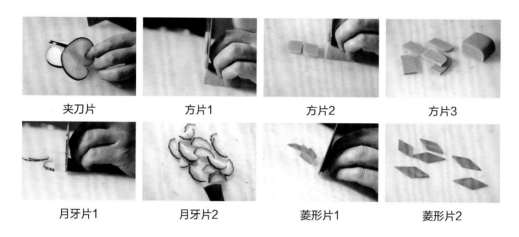

| 夹刀片 | 方片1 | 方片2 | 方片3 |

| 月牙片1 | 月牙片2 | 菱形片1 | 菱形片2 |

四、条

一般将宽0.5~1厘米的细长料形称为条，条的加工方法是先将原料加工成稍厚的片或段，再加工成条。所用的刀法有直刀法中的各法，斜刀法中的各法，平刀法中的各法。条的粗细长短要根据原料的性质和烹调的需要而定。

条1

条2

学习单元2 丝、丁、粒、末

一、丝

将薄片形原料切成细丝的形状，丝是菜肴原料中体积较小、也较难切的一种形状。体现刀工很重要的一个方面就是看丝切得如何。丝有粗细之分，丝的粗细取决于片的厚薄，丝的切片刀法有直刀法、斜刀法和平刀法，将片切丝的刀法有直刀法中的直切、推切、拉切等。

　　头粗丝：长度5~6厘米，截面0.35厘米×0.35厘米；

　　二粗丝：长度5~6厘米，截面0.3厘米×0.3厘米；

　　细丝：长度5~6厘米，截面0.2厘米×0.2厘米；

　　银针丝：长度5~6厘米，截面0.1厘米×0.1厘米。

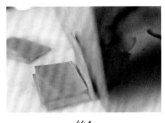  

丝1　　　　　　　　　丝2　　　　　　　　　丝3

二、丁

　　从条上截下的立方体料形叫做丁。切丁的方法是先将原料切成厚片，再切成条，最后切成丁。丁也有大、中、小之分，大丁约2厘米×2厘米×2厘

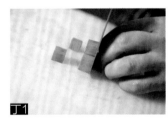 

丁1　　　　丁2

米，中丁约1.2厘米×1.2厘米×1.2厘米，小丁约0.8厘米×0.8厘米×0.8厘米。丁的形状有方丁、菱形丁、橄榄形丁等。适用于韧性原料、脆性原料、软性原料等。

　　切丁时要掌握片的厚度。片切成条时，要掌握条的整齐划一，最后切丁时下刀要直，刀口的距离要一致，这样切出的丁效果好。

三、粒

　　从丝状原料上截下的立方体叫粒，又称"米"。大的如黄豆粒、豌豆粒、绿豆粒，小的如米粒。切粒与切丁的方法大致相同。粒一般适用于各种肉类或调辅料原料，如火腿、鸡肉、猪肉、牛肉、葱、姜、蒜等。

粒1　　　　　　　　粒2　　　　　　　　粒3

四、末

末是由丝改刀而成。末的形状比粒要小一些，半粒为末。末的切法大体有两种：一是将原料剁碎，如蒜末，先将蒜拍碎然后剁成末。再如鸡肉末，先将鸡肉切碎，然后再剁成末；二是将原料切成薄片，再切成细丝，再切成末，如葱姜末等。加工末状原料时，主要是用直刀法中的剁，也可用切的方法。

末1　　　　　　　　末2　　　　　　　　末3

末4　　　　　　　　末5

冷菜制作实训

课程1　普通冷菜制作

学习单元1　拌

一、定义

拌是指将生料或凉凉的熟料，运用刀工处理成丝、丁、片、块、条等形状，用调味品拌制成菜的烹调方法。

二、成品特点

制作精细，味形多样，菜品丰富。

三、烹调程序

1. 选料加工

拌制菜肴应选择新鲜无异味、受热易熟、质地细嫩、滋味鲜美的原料。要重视拌制原料的初步加工。动物性原料，要去尽残毛，洗净血腥异味；植物性原料，要削皮去核，清洗干净；干货原料要选用适宜的涨发方法，掌握适合于拌制的涨发程度。

2. 拌前处理

原料拌前处理的质量对凉拌菜肴的风味特色有直接的影响。拌前处理方法有以下几种。

（1）炸制　炸制适用于肉类、鱼虾、豆制品和含淀粉量较多的蔬菜等原料。原料经炸制再凉拌的菜肴具有质地酥脆、口味浓厚的特点。炸制时的油温要根据原料的质地和菜肴的质感决定。如陈醋土豆丝、拌河虾等。

（2）煮制　煮制是拌制前使用最普遍的熟处理方法。原料煮制再凉拌的菜肴有质感细嫩、鲜香醇厚的特点。适用于禽、畜肉品及其内脏、笋类、鲜豆类等原料。一般经熟处理凉凉后再进行刀工处理，主要是条、片、丝、丁、块、段和自然形态等形状。如洋葱拌牛肉、麻辣凤爪等。

（3）焯水　焯水是拌制前最常用的熟处理方法。原料焯水再凉拌的菜肴具有色泽鲜艳、质感脆嫩、清香爽口的特点。适用于脆嫩的蔬菜类原料和海鲜原料。原料焯水后立即过凉并使其迅速凉透，以保证原料的色泽和质感。如拌莴笋、拌海肠等。

（4）汆制　汆制适用于猪肚仁、鸡胗、鸭胗、猪腰、鱿鱼、墨鱼、海螺等富有质感特色的原料。汆制凉拌的菜肴具有色泽鲜明、嫩脆或柔嫩、香鲜醇厚的特点。汆制时都要根据原料的质地，达到嫩脆或柔嫩的质感。汆制后晾透，及时拌制。如拌腰花、拌鱿鱼等。

（5）腌制　腌制是拌制前常用的处理方法，先用食盐腌制一段时间，以排出原料部分水分，再加入其他调料成菜。腌制凉拌的菜肴具有清脆入味、鲜香细嫩的特点。适用于大白菜、莴笋、萝卜、蒜薹、嫩姜等蔬菜类原料。有的是在腌制前进行刀工处理，有的是腌制后进行刀工处理，主要以条、片、丝、丁、段等规格为主。腌制时，要掌握精盐与原料的比例，咸淡恰当，腌制的时间以刚出水为宜，此时其清脆鲜香效果最佳。事先腌制的原料，要沥干水分后再调味拌制。

（6）蒸制　原料拌制前先将其蒸熟，凉透后再拌制。如拌茄子、蒜泥眉豆等。

3. 装盘调味

凉拌菜肴的味形较多，常用的有咸鲜味、芥末味、糖醋味、鱼香味、酸辣味、麻辣味、椒麻味、蒜泥味、姜汁味、红油味、怪味、麻酱味等。装盘调味的方式有以下几种。

（1）拌味装盘　是指菜肴原料与调味汁拌和均匀装盘成菜的方式，是拌制菜肴最常用的方法。拌味装盘多用于不需拼摆造形的菜肴，要求现吃现拌，不宜拌得太早，拌早了影响菜肴的色、味、形、质。

（2）装盘淋味　是指将菜肴装盘上桌，开餐时再淋上调制好的味汁，由食者自拌而食的方式，这种方式既可以体现凉菜的装盘技术，又可以保证成菜的色、味、形、质。

（3）装盘蘸味　是指多种原料装盘或一种原料多味吃法的方式，这种方式应根据原料的性质，选用多种相宜的复合味，并且要求复合味之间又各有特色。经调制成味汁后，分别盛入配置的味碟中，与菜肴同时上桌，由食者选择蘸食。

四、操作要点

（1）拌制菜用油应选择熟制、凉透了的植物油。

（2）熟处理后的原料，要待其凉透后才能进行刀工处理，刀工要求精细，并且要注意操作时的卫生。

（3）原料油炸时要一次性投入，同时受热，以保证色泽和质感一致。

（4）适合焯水的原料大都属于新鲜细嫩、受热易熟的蔬菜。焯水时，水量要宽些，水沸下料，加快焯水速度，以保持原料的色泽和质感。

（5）腌制的原料放入精盐，抖散拌匀即可，不要反复搅拌，以免影响色泽和质感。

（6）凉拌菜肴不论调以何种味形，都要合理准确。

五、工艺分类

根据菜肴的原料组合情况，凉拌的方式有以下几种。

1. 生拌

生拌是指菜肴的主辅原料都没有经过加热处理，即时腌制或生料直接拌制的方式。

2. 熟拌

熟拌是指菜肴的主辅原料经过熟处理后，进行调味拌制的方式。

3. 生熟拌

生熟拌指菜肴的主辅原料既有生料又有熟料，进行调味拌制的方式。

另外，还有采用热拌温吃的，如温拌腰丝、温拌螺片、温拌肚丝等，成菜别具风味。

六、典型菜例

1 生拌茼蒿

特点：酸甜爽口，质感脆嫩。

原料：

茼蒿200克，蒜20克，食盐3克，白糖10克，味精2克，老醋15克，蚝油5克，香油3克。

制法：

（1）将茼蒿的叶尖掐下来，洗净，控干水分。蒜切成末。

（2）将食盐、白糖、味精、蚝油、老醋、香油加蒜末调匀成调味汁，加茼蒿尖拌匀，装盘即可。

② 麻汁豇豆

原料

料形

特点：口味咸鲜，质感软烂，麻汁味浓。

原料：

豇豆300克，麻汁酱50克，蒜20克，食盐2克，白糖5克，味精2克，味极鲜酱油10克。

制法：

（1）将豇豆洗净，入蒸锅蒸熟，凉透，切成段。蒜切成末。

（2）食盐、白糖、味精、酱油、麻汁酱加蒜末调匀成调味汁，加豇豆拌匀，装盘即可。

③ 洋葱拌牛肉

原料

料形

特点：咸鲜香辣。

原料：

熟牛肉200克，洋葱75克，香菜20克，食盐2克，白糖5克，味精2克，味极鲜酱油10克，香油3克。

制法：

（1）将熟牛肉切成片，洋葱切成条，香菜切成段。

（2）将食盐、白糖、味精、酱油、香油调匀成调味汁。

（3）将牛肉、洋葱、香菜段加入调味汁中拌匀，装盘即可。

④ 温拌海螺

原料

料形

特点：食之温凉，咸鲜软嫩。

原料：

净海螺肉200克，黄瓜100克，香菜20克，葱10克，红椒10克，蒜20克，食盐2克，白糖5克，味精2克，味极鲜酱油10克，醋10克，香油2克，食用油25克。

制法：

（1）将海螺肉片成片，入锅中焯熟。葱切成丝，红椒切成丝，一半香菜切成段，剩下一半和蒜一起入油中炸呈调味油。黄瓜去皮，剖成两半，去掉瓜瓤，片成抹刀片。

（2）将食盐、白糖、味精、酱油、醋、香油、调味油调匀成调味汁。

（3）黄瓜片摆在盘底四周，海螺片加葱丝、红椒丝、香菜段、调味汁拌匀，盛装在黄瓜片上即可。

学习单元2　炝

一、定义

炝是把花椒油、辣椒油等具有较强挥发性的调味品趁热加入到原料中，静置片刻入味成菜的烹调方法。

二、成品特点

炝菜具有色泽美观、质地嫩脆、醇香入味的特点。

三、烹调程序

1. 选料切配

炝制的原料应选用新鲜、细嫩、富有质感特色的原料。刀工处理以丝、段、片和自然形态为主。

2. 初步熟处理

（1）滑油　鸡、虾、鱼等原料上浆拌匀，放入四成热油滑散至刚熟，凉凉。

（2）焯水　植物性原料和少数动物性原料焯至断生，捞出过凉。

（3）汆烫　质地脆嫩的动物性原料（如腰花、乌鱼花等）入沸水汆烫至嫩熟。

四、操作要点

（1）刀工成形要均匀一致。

（2）初步熟处理时要掌握好原料的成熟度。

（3）炸制花椒、辣椒时的油温要掌握好。

（4）动物性原料以趁热炝制为好，以使原料能够充分入味；蔬菜类原料一般凉凉后炝制。

（5）菜肴炝制时，应稍等片刻，待充分入味后，再装盘成菜。

五、典型菜例

① 海米炝油菜

特点：咸鲜脆嫩，花椒香味浓郁。

原料：

油菜300克，水发海米50克，葱姜丝各10克，食盐2克，味精2克，酱油5克，香油2克，花椒2克，食用油25克。

制法：

（1）油菜去掉老叶，洗净，入沸水锅中焯熟，过凉，控净水。

（2）油菜入盆内加葱姜丝、食盐、味精、酱油拌匀。

（3）锅内加食用油、香油，放入花椒炸出香味，滤掉花椒，浇在盆内的油菜上，用大盘扣住，待炝制入味后撒上海米，拌匀即可。

② 辣炝腰片

特点：咸鲜香辣，质感脆嫩。

原料：

猪腰子300克，葱姜丝各10克，水发木耳50克，竹笋片10克，香菜段10克，食盐2克，味精2克，酱油5克，醋5克，香油5克，干辣椒10克，花椒2克，食用油25克。

制法：

（1）猪腰子改梳子花刀，用开水烫至嫩熟，捞出控净水，放在盆内。木耳、竹笋片用沸水焯一下，捞出控净水，也放入盆内，撒上葱姜丝、香菜段。

（2）盆内加食盐、味精、酱油、醋拌匀。

（3）锅内加食用油、香油，放入花椒、辣椒炸出香辣味，滤掉花椒、辣椒，浇在盆内的腰片上，用大盘扣住，待炝制入味后，拿掉盘子，拌匀即可。

❸ 滑炝里脊丝

原料

料形

特点：咸鲜味浓，质感滑嫩。

原料：

猪里脊肉300克，葱姜丝各10克，水发木耳10克，竹笋10克，香菜段10克，食盐2克，味精2克，醋5克，香油3克，花椒5克，食用油25克，蛋清25克，淀粉25克。

制法：

（1）肉切成丝，码味上浆，入四成热的油中滑至嫩熟，捞出控油，放入盆内。木耳、竹笋均切成丝，用沸水焯一下，捞出控净水，也放入盆内，撒上葱姜丝、香菜段。

（2）盆内加食盐、味精、醋拌匀。

（3）锅内加食用油、香油，放入花椒炸出香味，滤掉花椒，浇在盆内的肉丝上，用大盘扣住，待炝制入味后，拿掉盘子，拌匀即可。

学习单元3 腌

一、定义

腌是以食盐为主要调味品，将原料经过一定时间的腌制，以排除原料内部水分，经静置入味成菜的烹调方法。

二、成品特点

腌制菜肴具有色泽鲜艳、鲜嫩清香、醇厚浓郁的特点。适用于黄瓜、莴笋、萝卜、藕、虾、蟹、猪肉、鸡肉等原料。

三、烹调程序

1. 选料加工
腌制菜肴应选用新鲜度高、质地细嫩、滋味鲜美的原料。一般以丝、片、块、条和自然形状为主。

2. 调味腌制
腌汁的制作一般有两种方法，一种是直接调制而成，另一种是加热调制凉凉而成。味形主要有咸鲜味、咸甜味、咸辣味、五香味等。加工整理好的原料直接加入调制好的味汁中，腌制一段时间，即可取出食用。

四、腌制工艺分类

根据腌制原料的处理和腌汁的不同，腌制可分为盐腌和酒腌。

1. 盐腌
盐腌是以精盐为主要调味品的一类腌制方法。适合盐腌的原料主要以蔬菜、鸡、鸭、兔等为主，盐腌菜肴具有色泽美观、清香嫩脆或细嫩醇厚的特点。如腌黄瓜、腌辣椒、酸辣白菜、盐水鸡、盐水兔等。根据菜肴的风味，可调制咸鲜味、糖醋味、芥末味、酸辣味等。

2. 酒腌（又称醉腌）
酒腌是以精盐和酒为主要调味品的一类腌制方法。酒腌菜肴具有色泽金黄、醇香细嫩的特点。适合酒腌的原料，主要以虾、螺、蚶、蟹为主。酒腌前要将活的原料洗净，活养排尽腹中的污物，再沥干水分，放入调好的味汁中盖严实，酒腌3~7天即可。如醉蟹、醉虾等。

酒腌制品按调味品的不同可分为红醉（要用酱油等）与白醉（用盐等）；按加工原料的不同可分为生醉与熟醉。生醉是用鲜活原料直接酒醉，熟醉是用经过初步加工的半成品酒醉腌制的。

五、操作要点

（1）未经刀工盐腌的原料，精盐要撒匀，盐腌的中途要不时翻动，使精盐渗透均匀。有的盐腌原料，要先用精盐腌制，沥干水分，再将盐及所需调味品调制均匀，然后与原料一同腌制，这样既节约调味品，又有良好的质感和调味效果。

（2）酒腌的原料要清洗干净，保证卫生质量，这也是保证色、味的重要措施。酒腌过程中，要封严盖紧不漏气，要腌制到时间才能食用。

（3）腌这种烹调方法与一般食品店的腌要区别开，饭店、餐厅的腌制有取料新鲜、调味丰富、随腌随食的特点。

六、典型菜例

1 腌鲜辣椒

原料

料形

特点：咸鲜微辣，爽口不腻。

原料：

辣椒500克，姜35克，蒜20克，食盐50克，白糖20克，味精3克，酱油250克，白酒35克，花椒3克，食用油20克。

制法：

（1）辣椒洗净，控干水分。姜、蒜均切成片。

（2）酱油加食盐烧开，凉透。

（3）花椒入油中炸香备用。

（4）辣椒放入盆内，加入姜片、蒜片和所有调料，最后把花椒和花椒油一起浇在辣椒上，3~5天后即可食用。

② 腌螃蟹

原料

特点：咸鲜适口。

原料：

活花蟹250克，纯净水500克，食盐30克，白糖10克，味精3克，味极鲜酱油50克，优质白酒100克，花椒3克，香叶2克，干辣椒5克。

制法：

（1）螃蟹刷洗干净，控净水，放入盆内，加白酒颠翻几次，让螃蟹醉酒。

（2）锅内加水，加食盐、酱油、白糖、味精、香叶、干辣椒烧开，凉透。

（3）将醉好的螃蟹加到调好的汁水中，入保鲜柜腌制3~5天即可食用。

学习单元4　卤

一、定义

　　卤是将加工整理的原料，放入事先制好的卤汁中，旺火烧开，小火煮熟，使卤汁中的鲜香滋味缓缓地渗入原料内部，原料变得香浓酥烂，关火冷却成菜的烹调方法。

二、成品特点

　　鲜香醇厚、味透肌里、诱人食欲。

三、烹调程序

　　1. 选料加工

　　卤应选择新鲜细嫩、滋味鲜美的原料。形状以大块和自然形态为主。

　　2. 卤前预制

　　多数原料需要焯水处理，少数需要过油，以增进口味、丰富质感、美化色泽。

　　3. 调制卤汁

　　卤汁主要是用糖色、盐、糖、酒、葱、姜、香料袋等配制而成。用后保存得当，可以持续使用，反复制作卤制品并保存好的卤汁称为老卤。再次使用时，适当加水、香料和其他调味料。

　　4. 卤制原料

　　卤汁入锅烧沸，放入要卤制的原料，再次烧沸，改小火加热至原料熟透入味即可。

　　5. 出锅装盘

　　卤制菜品冷却有两种方法：一是捞出凉凉后表面涂上一层香油，以防干缩、变硬、变色。二是将卤好的原料离火，浸在卤汁中，自然冷却，随吃随取。卤制品形状较小的可以直接装盘食用，形状较大的要改刀装盘。可以适当地进行辅助调味。

四、工艺分类

　　卤制工艺一般分为红卤和白卤两种。

五、操作要点

（1）掌握卤汁与原料的比例，以淹没原料为宜。卤制过程中要勤翻动原料，使原料受热均匀、着色均匀、入味充分。多量原料卤制时，锅底要垫上竹箅子，以防粘底煳锅。

（2）卤制时旺火烧沸，改小火保持卤汁沸而不腾，不致于使卤汁蒸发过快，香味散失。卤制过程中要经常撇打浮沫。

（3）多种原料同时卤制时，要掌握好投料顺序。

（4）要把用过的卤汁保存好，卤汁保存得越久越好。为了防止卤汁污染而发酵变质，捞取原料要用专用工具；卤汁要经常加热烧沸；要定期清理残渣；要定期添加香料和调味料；要选择合适的器皿存放。

六、典型菜例

卤鸡爪

原料

特点：咸鲜香浓。

原料：

鸡爪12只，姜50克，八角2个，桂皮1片，香叶2片，花椒2克，干辣椒10克，食盐5克，冰糖20克，味精5克，酱油25克，料酒10克。

制法：

（1）鸡爪洗净，入冷水锅焯水，捞出控水。

（2）锅内加清水，加姜、八角、桂皮、香叶、花椒、干辣椒、食盐、冰糖、酱油、料酒、味精烧开，将鸡爪放入锅内，卤汁烧开后，关火闷制2小时。

（3）鸡爪浸入卤汁中，随用随取。

学习单元5　冻

一、定义

冻是指利用原料本身的胶质或另外酌加猪皮、食用果胶、琼脂等经煮或蒸制后的凝固作用，使原料凝结成一定形态成菜的烹调方法。

二、成品特点

冻制菜肴具有色彩美观、晶莹透明、柔嫩爽口的特点。

三、烹调程序

1. 熬制胶体溶液

（1）皮冻汁的熬制　将选择好的肉皮去尽污垢和油脂，入清水中加葱、姜、料酒，小火煮熟。再将煮熟的肉皮捞出洗净、切成薄片或条，入清汤，用小火长时间慢熬直至肉皮软烂，过滤即可。

（2）琼脂汁的熬制　先将琼脂浸泡在冷水里使其回软，再加水煮化或蒸溶即可。

2. 搭配原料、确定口味

皮冻汁多与含完全蛋白质较多的肉类原料搭配在一起；琼脂汁多与含维生素较多的果蔬类原料搭配在一起。口味主要有咸、甜两种。

3. 凝冻成形

凝冻成形常见的方法有三种。

（1）将原料和冻汁混合均匀，倒入平盘中冷却。

（2）分层制作　先在模具中倒入一部分冻汁，冷却至稠厚时，再加入另一部分冻汁。

（3）特殊造形　先将一定量的冻汁倒入器皿，再将主料放在这层冻汁上，然后倒入另一部分冻汁，冷却后脱模即可。

四、操作要点

（1）制作冻汁时，要掌握好火候，先旺火烧沸，再改小火。

（2）在冻汁凝聚以前要随时撇除汤液上的多余油脂，以保证冻体的爽滑、明亮、清口。

（3）调好冻汁的口味和颜色。

（4）冻汁冷凝的温度在接近零度时最为理想。

（5）成菜装盘可以进行适当的辅助调味。

五、典型菜例

1 猪皮冻

特点：口味咸鲜，质感软糯。

原料：

猪皮800克，葱30克，姜30克，八角2个，陈皮10克，食盐15克，清水3000克，味精5克，酱油50克。

制法：

（1）将猪皮放入沸水中煮5分钟，洗净，刮去肥肉，切成小方块。

（2）锅内加清水，加入除食盐、酱油、味精之外的所有原材料，大火烧开，撇净浮沫，转小火煮60分钟，加食盐、酱油、味精，继续加热10分钟。

（3）捞出全部辅料，将煮好的皮冻汤倒入不锈钢盛器中晾凉，入保鲜柜冷藏12小时即可。

❷ 水晶虾仁

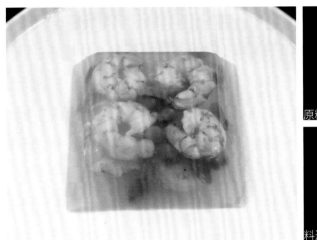

原料

料形

特点：色彩鲜艳，口味咸鲜。

原料：

虾仁500克，食盐15克，味精5克，料酒10克，清汤1000克，火腿10克，青豆10克，琼脂适量。

制法：

（1）琼脂加清汤、食盐、味精、料酒入蒸锅中蒸化过滤。

（2）火腿切成小象眼片。

（3）虾仁、青豆入沸水锅中焯熟，捞入虾仁，摆入模具，注入琼脂，撒上火腿、青豆，凉透即可。

学习单元6　酱

一、定义

酱是指原料初加工后，放入酱锅中，小火煮至质软汁稠时出锅凉凉，浇上原汁食用的烹调方法。

二、成品特点

口味醇浓，鲜香酥烂，酱香浓郁，色泽鲜艳。

三、烹调程序

1. 酱前处理

酱前处理主要有盐腌、过油等几种方法。

2. 配制酱汁

酱汁的用料主要有酱油（或酱类）和香料。

3. 酱制

将原料加入配制好的酱汁中旺火烧沸，再转小火，保持微沸至原料酥烂，酱汁浓稠。

4. 成菜装盘

将原料改刀装盘，酱汁涂于原料表面；或将酱制品浸泡在原酱汁中，随用随取。

四、操作要点

（1）有异味的原料在酱制以前要经过腌渍或焯水除去异味。

（2）酱制过程中要掌握好火候。

五、典型菜例

酱牛肉

特点：酱红色，鲜香熟烂。

原料：

牛肉2500克，葱100克，姜100克，花椒10克，八角25克，桂皮15克，食盐100克，白糖25克，酱油500克，糖色50克，料酒50克，水3500克。

制法：

（1）将牛肉切成大块，入冷水锅中焯去血污和异味。

（2）锅内加水3500克，将牛肉、酱油、葱、姜、花椒、八角、桂皮、食盐、白糖、糖色一并下锅，大火烧开，撇净浮沫，改中小火将牛肉煮至熟烂，汤汁浓稠，凉凉，食用时捞出改刀装盘。

（3）锅内原汁浇在牛肉上即可。

学习单元7　熏

一、定义

熏是指经过加工处理后的原料，放入熏锅里，利用熏料起烟所产生的热烟气使原料成熟，增加烟香、色泽的方法。熏法有生熏和熟熏两种。

二、成品特点

色泽光亮，有特殊的烟熏香味，外香酥里软嫩。

三、烹调程序

1. 选料加工

生熏选择鲜嫩易熟、体形扁薄的原料，如豆制品、鱼类等。熟熏则以整鸡、鸭和大块的肉为主。

2. 初熟处理

初熟处理的方法主要有炸、煮、卤、蒸等。

3. 腌渍入味

原料在熏制过程中来不及调味，事先必须让原料腌渍入味。

4. 熏制成熟

将入味后的原料放入熏锅内，使原料成熟、上色。

5. 成菜装盘

可以进行适当的辅助调味。

四、操作要点

（1）熏料宜选用糖、茶叶、锅巴等，不宜用木屑等非食用类原料。

（2）熏制时，宜保持恒温，勿使熏料过分焦煳。

（3）熏制时，熏架上宜放葱、蒜等，既能增加原料的风味，又能缓和烟香中有害物质对人体的影响。

（4）严格控制熏制时间和熏制温度，原料以浅黄色为宜。

（5）原料熏成后，趁热用净布揩干水分，再适量涂抹上一层香油，以使其油润光亮。

五、典型菜例

熏鸡

原料

特点：色红，熟烂，烟熏味浓。

原料：

净小公鸡1500克，葱姜各25克，八角10克，小茴香5克，花椒5克，陈皮5克，食盐15克，白糖50克，料酒25克，酱油50克，香油15克。

制法：

（1）将鸡入沸水锅中余烫2分钟，捞出冲洗干净。葱切成段，姜切成片，香料做成料包。

（2）将鸡放入锅内，加3000克水、葱段、姜片、香料包、食盐、料酒、白糖、酱油烧开，撇净浮沫，改中小火卤15分钟，关火闷30分钟至熟烂，捞出。

（3）熏锅内加入白糖，将卤熟的鸡放在熏屉上，盖严锅盖，上火，将糖加热至冒烟，关火，5分钟后将鸡取出，抹上香油即成。

学习单元8 酥

一、定义

酥是将加工整理好的原料放入锅内，加入以醋为主的调味品，小火长时间加热使菜肴酥烂的烹调方法。原料先经炸制后再酥的，叫硬酥；未经炸制直接酥的，叫软酥。

二、成品特点

酥菜具有骨酥肉烂，不失其形，香酥适口的特点。

三、烹调程序

1. 选择原料
适合酥的原料主要有鱼、排骨、海带、白菜、藕等。
2. 调制酥汁
酥汁的主要用料有酱油、醋、白糖、料酒和一些香料。
3. 酥制
将要酥制的原料按顺序摆好，加入调好的酥汁，小火长时间加热至原料酥烂。

四、操作要点

（1）在酥制过程中不宜翻动原料，所以锅底一定要加衬垫物，以防原料粘底。
（2）调制酥汁的量以高于原料为度。
（3）酥制完毕后，待原料冷却后方可取料，以防破坏原料的形态。

五、典型菜例

酥鲫鱼
特点：色泽紫红，骨酥肉烂。
原料：
鲫鱼500克，葱段150克，姜片50克，蒜50克，花椒皮2克，八角5克，桂皮5克，酱油75克，醋50克，白糖50克，料酒50克，清汤50克。

制法：

（1）将鱼洗净，控干水分。

（2）锅内垫上竹算子，撒上一层葱、姜、蒜，摆上一层鱼，依次摆好，最后在上面再撒上一层葱、姜、蒜。

（3）将香料包好，放入锅内，再加上清汤和所有调味料，用慢火炖酥，凉透取出即可。

原料

课程2 花色冷盘制作

学习单元1 双拼

一、定义

将两种不同种类和颜色的半成品或成品冷菜原料拼摆在一个盘内不同位置的冷拼称为双拼。

二、工艺流程

原料准备→码垛→刀工成形→拼摆→点缀→辅助调味

三、操作要点

（1）刀工要均匀一致。
（2）码片时，片与片之间的距离要匀称。
（3）拼摆要整齐美观。
（4）点缀要适度。
（5）调味要准确。

四、典型菜例

双拼

特点：色泽艳丽，整齐美观，清凉爽口。
原料：
黄瓜，胡萝卜，黄蛋糕，巧克力蛋糕，辣酱油，麻汁酱。

制法：

（1）码垛　将黄瓜切成均匀一致的细丝，在盘子正中央码垛成圆锥形，顶部略有圆滑。将黄瓜切半圆片围在四周，使其整齐美观②。

（2）切片　将准备好的巧克力蛋糕与黄蛋糕切成6.5厘米长、1.5厘米宽的长条，再切成厚薄均匀的片。

（3）码面　将切好的蛋糕片码成如图所示的扇形（10~15片为佳），码片时片与片之间的距离要匀称③④。

（4）拼摆　把码好的片先铲在刀面上，再均匀对称地拼摆在盘内⑤⑥。

（5）点缀　盘内空隙处适当点缀⑦。

（6）辅助调味　配辣酱油和麻汁酱两种味碟⑧。

学习单元2　三拼

一、定义

将三种不同种类和颜色的半成品或成品冷菜原料拼摆在一个盘内不同位置的冷拼称为三拼。

二、工艺流程

原料准备→码垛→刀工成形→拼摆→点缀→辅助调味

三、操作要点

（1）刀工要均匀一致。

（2）码片时，片与片之间的距离要匀称。

（3）拼摆要整齐美观。

（4）点缀要适度。

（5）调味要准确。

四、典型菜例

三拼

特点：色泽艳丽，整齐美观，清凉爽口。

原料：

黄瓜，胡萝卜，方火腿，巧克力蛋糕，辣酱油，麻汁酱，番茄酱，辣鲜露。

制法：

（1）码垛　将黄瓜切成均匀一致的细丝，在盘子正中央码垛成圆锥形，顶部略有圆滑②。

（2）切片　将准备好的巧克力蛋糕、方火腿、胡萝卜均切成6.5厘米长、1.5厘米宽的长条，再切成厚薄均匀的片。

（3）码面　将切好的巧克力蛋糕片、方火腿片、胡萝卜片码成如图③所示的扇形（10~15片为佳）。

（4）拼摆　把码好的片先铲在刀面上，再均匀对称地拼摆在盘内④⑤。

（5）点缀　盘内空隙处适当点缀。

（6）辅助调味　配辣酱油和麻汁酱、番茄酱、辣鲜露等几种味碟⑥。

学习单元3　四拼

一、定义

将四种不同种类和颜色的半成品或成品冷菜原料拼摆在一个盘内不同位置的冷拼称为四拼。

二、工艺流程

原料准备→码垛→刀工成形→拼摆→点缀→辅助调味

三、操作要点

（1）刀工要均匀一致。

（2）码片时，片与片之间的距离要匀称。

（3）拼摆要整齐美观。

（4）点缀要适度。

（5）调味要准确。

四、典型菜例

四拼　（黄蛋糕、方火腿、胡萝卜、巧克力蛋糕）

特点：色泽艳丽，整齐美观，清凉爽口。

原料：

黄瓜，黄蛋糕，胡萝卜，方火腿，巧克力蛋糕，食盐，味精，辣酱油，麻汁酱，番茄酱，黄豆酱。

制法：

（1）码垛　将黄瓜、方火腿切成均匀一致的细丝，加食盐、味精拌匀，在盘子正中央码垛成圆锥形，顶部略有圆滑②。

（2）切片　将准备好的胡萝卜③、巧克力蛋糕④、黄蛋糕⑤均切成6.5厘米长、1.5厘米宽的长条，再切成厚薄均匀的片。

（3）码面　将切好的胡萝卜片、巧克力蛋糕片、黄蛋糕片码成如图所示的扇形（10~15片为佳）。

（4）拼摆　把码好的片先铲在刀面上，再均匀对称地拼摆在盘内⑥。

（5）点缀　盘内空隙处适当点缀⑦。

（6）辅助调味　配辣酱油和麻汁酱、番茄酱、黄豆酱等几种味碟⑧。

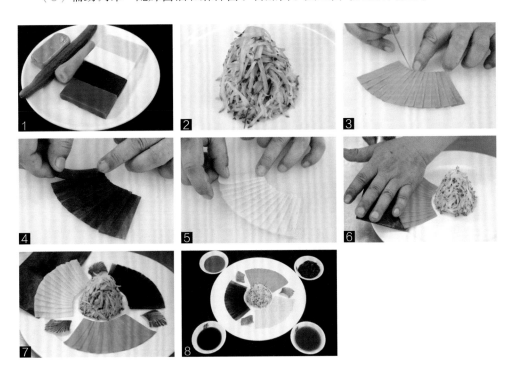

学习单元4　什锦拼盘

一、定义

将六种或六种以上不同种类和颜色的半成品或成品冷菜原料拼摆在一个盘内的冷拼称为什锦拼盘。

二、工艺流程

原料准备→制作六边或八边形的底座→刀工成形→拼摆→装饰→辅助调味

三、操作要点

（1）刀工要均匀一致。

（2）码片时，片与片之间的距离要匀称。

（3）拼摆要整齐美观。

（4）装饰要细致且美观。

（5）调味要准确。

四、典型菜例

什锦拼盘

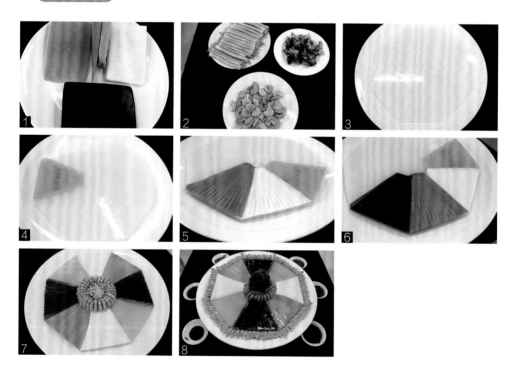

特点：色泽鲜艳，整齐美观，清凉爽口，八边形棱角分明。

原料：

黄蛋糕，白蛋糕，胡萝卜，方火腿，巧克力蛋糕，基围虾，海蜇头，青、红椒丝，白萝卜，食盐，味精，辣酱油，麻汁酱，番茄酱，黄豆酱。

制法：

（1）将准备好的原料切成如图所示的三角形状或者梯形状。将白萝卜片成薄片，将胡萝卜切成均匀的细丝，然后卷成萝卜卷备用。基围虾切去头和尾备用，海蜇头片成片备用②。

（2）用冻粉打底，修整出规则的八边形作为什锦拼盘的底③。

（3）将修好的料形切成均匀的薄片，整齐地码片，再按照八边形每一部分三角形的大小，把多余的料整齐地去掉④，按照如图⑤所示的顺序依次拼摆⑥。

（4）用基围虾在中央空隙处围成圈，中间垫上黄瓜丝⑦，放上适量海蜇头，点缀上辣椒丝。

（5）将萝卜卷斜刀切成平行四边形状，整齐地围在四周⑧。

（6）配辣酱油和麻汁酱、番茄酱、黄豆酱等几种味碟，进行辅助调味。

学习单元5　花色拼盘

一、定义

花色拼盘即欣赏性冷菜拼盘，也称工艺冷盘，是经过精心构思，运用精湛的刀工和艺术手法，将多种冷菜原料在盘中拼摆成飞禽走兽、花鸟鱼虫、山水景观等平面或立体的图案造形。

二、工艺流程

构思→构图→原料准备→刀工成形→垫底→拼摆→装饰点缀→辅助调味

三、操作要点

（1）构思要紧扣主题。

（2）构图要充分考虑整体布局、色彩搭配合理。

（3）刀工要均匀一致。

（4）码片时，片与片之间的距离要匀称。

（5）拼摆要整齐美观。

（6）装饰要细致且美观。

（7）调味要准确。

四、典型菜例

① 蝴蝶

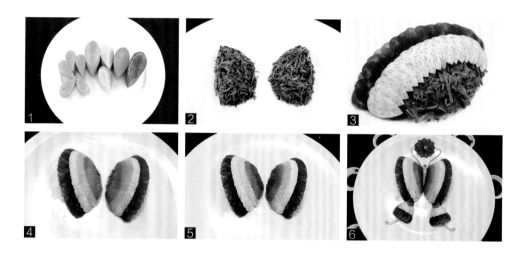

特点：色泽鲜艳，形象逼真，清凉爽口。

原料：

黄瓜，方火腿，圆南瓜，青萝卜，胡萝卜，心里美萝卜，基围虾，食盐，味精，辣酱油，麻汁酱，番茄酱，辣鲜露。

制法：

（1）将准备好的原料修成适当大小的水滴形，又称鸡心状，备用①。

（2）将黄瓜、方火腿切成均匀的细丝，根据蝴蝶冷拼所需要的造型要求，在盘子中上部分垫出两个对称的半圆馒头状，其边缘呈外流线状②。

（3）将修成的鸡心块原料，均匀地切成冷拼所需要的鸡心片。按照垫底的半圆形状边缘摆成如图所示的半圆弧③，要求翅膀边缘呈外流线状，切勿拼摆角度太小，切勿呈直线状。要求鸡心片摆放整齐划一，间距相等，鸡心片的尖部都朝向翅膀根部的中心点，且两个翅膀每一层鸡心片的大小都依次递减④，最后在翅膀根部的中央收尾，要求最少拼摆五层⑤。

（4）取煮熟的基围虾虾身，置于两只翅膀的中间作蝴蝶的躯干。用黄瓜丝垫呈半圆锥形，由外向内拼摆两层鸡心片，作蝴蝶的尾翼，最后制作蝴蝶须和蝴蝶尾，将鸡心片拼摆成一朵小花，加以装饰点缀⑥。

（5）配辣酱油和麻汁酱、番茄酱、辣鲜露等几种味碟，进行辅助调味。

② 扇子

特点：色泽鲜艳，形象逼真，清凉爽口。

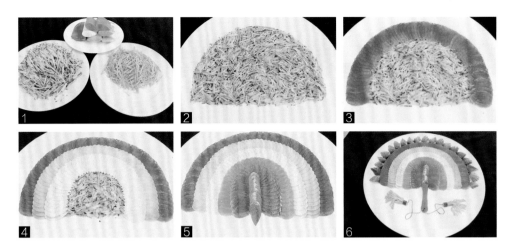

原料：

心里美萝卜，香芋，南瓜，胡萝卜，青萝卜，黄瓜，方火腿，辣酱油，麻汁酱。

制法：

（1）将准备好的原料修成适当大小的水滴形，又称鸡心状，将黄瓜、方火腿切成均匀的细丝①。

（2）根据扇面拼摆的基本要求，在盘子的中上部分，铺垫出一个上厚下薄的倾斜半圆面②。

（3）将修成的鸡心块原料，切成冷拼所需要的鸡心片。在垫底的半圆形斜面上，由外向内依次拼摆成如图所示的半圆弧③，要求鸡心片的尖部都朝向扇子底部的中心点，且扇面每一层鸡心片的大小都依次递减④，最后在扇子底部的中央收尾⑤。

（4）用青萝卜皮或者黄瓜制作扇把，用南瓜制作扇子的扇穗。黄瓜皮切成树叶状，加以适当装饰点缀。

（5）配辣酱油和麻汁酱等几种味碟，进行辅助调味。

③ 荷塘小景

特点：色泽鲜艳，形象逼真，清凉爽口。

原料：

青萝卜，白萝卜，心里美萝卜，胡萝卜，冬瓜皮，南瓜，方火腿，水果黄瓜，蒜薹，澄粉，冻粉，食用色素。

制法：

（1）将冻粉加水熬化，加食用色素（绿色）搅匀，倒入盘中凉透。用烫好的澄粉捏成如图所示的形状①，作为荷叶的底，要求大小适中、弧度自然。

（2）将准备好的青萝卜、南瓜、心里美、方火腿修成如图所示的料形，并均匀切片，码片，摆成荷叶一样的扇形②。

（3）将另一半荷叶底垫好，按照图示拼摆另一半荷叶③。用水果黄瓜尾部制作荷叶的根部，再用焯过水的蒜薹拼摆荷叶的茎部④⑤。

（4）将心里美萝卜、胡萝卜、白萝卜、水果黄瓜，修成鸡心状和半圆状，并切成均匀的片，摆好拼盘的"假山"部分。用白萝卜雕刻成荷花，并用食用色素染色，用冬瓜皮雕刻出"荷塘小景"四字，装饰点缀于盘子内适当位置⑥。

④ 金鸡独立

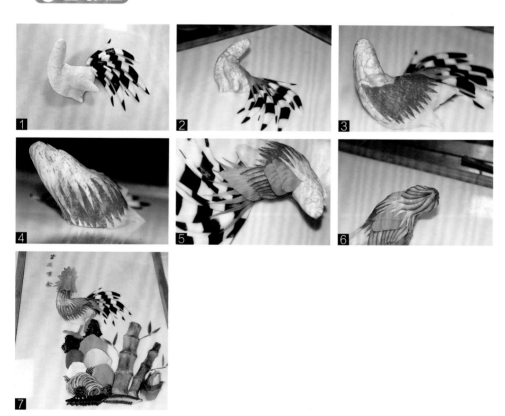

特点：色泽艳丽，生动形象。

原料：

澄粉，芝麻酱，青萝卜，白萝卜，心里美萝卜，胡萝卜，方火腿，琼脂冻，猪耳朵卷，西蓝花，蛋黄糕，水果黄瓜，皮蛋肠，黑白蛋糕，橄榄油。

制法：

（1）将澄粉用热水调制成团，捏成公鸡的躯干，摆入盘内适当位置。将准备好的黑白蛋糕，修成（如图①所示）公鸡尾部羽毛，拼摆至尾部。

（2）将公鸡的躯干部涂抹花生酱。将准备好的各种原料修成（如图②所示）羽毛片状，并按照（如图③④所示）顺序从尾部依次拼摆。

（3）将青萝卜、胡萝卜修成翅膀料形，依次拼摆于颈后方，盖在羽毛下面（如图⑤⑥所示）。

（4）将雕刻好的公鸡头，尾巴和爪子安放好。胡萝卜、青萝卜、心里美萝卜、琼脂冻、皮蛋肠等修成适当的料形，并切成均匀的片，拼摆成"假山"。用方火腿修成石块的形状，用酱油染色，猪耳朵卷切片，组合成假山。用青萝卜皮拉丝拼摆成竹子，用准备好的四种萝卜拼摆成竹笋，连同西蓝花等一起装饰点缀。最后用橄榄油涂抹于成品上面，防止变色变干⑦。

⑤ 雄鹰展翅

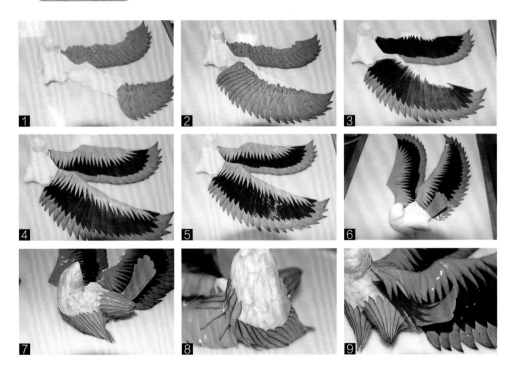

特点：气宇轩昂，味形俱佳。

原料：

澄粉，香油，芝麻酱，方火腿，黄瓜，西蓝花，冻猪耳糕，猪肝，心里美萝卜，琼脂冻，胡萝卜，青萝卜，紫菜蛋卷，酱牛肉，浅咖啡蛋白糕，深咖啡蛋白糕。

制法：

（1）将澄粉用热水调制成粉团，捏成鹰的躯干、腿部、头部及翅膀，用之垫底①。将卤熟的猪肝切成羽毛片，呈弧形拼摆在翅膀的外侧②。

（2）将深咖啡蛋白糕切成羽毛片，呈弧形拼摆在猪肝羽毛片的上面，外侧露出1/3左右猪肝羽毛片③。

（3）将浅咖啡蛋白糕切成羽毛片，呈弧形拼摆在深咖啡蛋白糕羽毛片的上面，外侧露出2/3左右深咖啡蛋白糕羽毛片（两头露出少一些）④，然后在拼好的原料表面刷一层薄薄的香油，以防原料氧化变色⑤。

（4）用胡萝卜雕刻好鹰的尾巴，拼接到垫底原料上⑥。

（5）在鹰的躯干部、腿部和头部，分别刷上一层薄薄的芝麻酱⑦⑧，将浅咖啡蛋白糕切成羽毛片，拼摆到鹰腿的位置上⑨。

（6）将浅咖啡蛋白糕切成羽毛片，拼摆在翅膀和身体的结合部进行连接。

（7）将深咖啡蛋白糕切成羽毛片，拼摆在翅膀、腿和身体的结合部进行连接。

（8）将方火腿切成羽毛片，拼摆在鹰的腹部⑩。

（9）将浅咖啡蛋白糕切成羽毛片，沿颈部拼摆一周，将腹部的方火腿羽毛片遮挡住1/2左右⑪⑫。

（10）将雕刻好的鹰头、鹰爪分别拼接好，将黄瓜、西蓝花、冻猪耳糕、猪肝、心里美萝卜、琼脂冻、胡萝卜、青萝卜、紫菜蛋卷、酱牛肉等，切成均匀的薄片，拼摆成假山形状，铺垫在鹰的下方⑬。

热菜制作实训

课程1 油烹法

学习单元1 炒

一、生炒

1. 定义

生料加工成形，直接用旺火热油快速翻拌、调味、炒制成熟的烹调方法。

2. 工艺流程

加工切配→热油炼锅→底油烧热→煸炒原料→调味→炒至断生出锅

3. 操作要点

（1）生炒原料事先不经过调味拌渍，不挂糊（上浆、拍粉），起锅时不勾芡。

（2）原料刀工处理要整齐划一。

（3）炒制以前要炼锅，使之滑润。

（4）菜品若由两种或两种以上的原料组成，要掌握好投料的顺序。

（5）翻锅要熟练，将原料炒匀、炒透，炒至断生即可。

4. 成品特点

口味咸鲜、质地脆嫩。

5. 典型菜例

① 芹菜炒肉

特点：咸鲜，脆嫩。

原料：

芹菜300克，猪瘦肉50克，葱5克，姜5克，食盐2克，味精2克，酱油5克，料酒5克，香油2克。

制法：

（1）芹菜洗净、切段，葱姜切成丝，肉切成粗丝。

调味料

原料

料形

（2）锅内底油烧热，加葱姜丝爆出香味，加肉丝略炒，烹入料酒、酱油，加入切好的芹菜快速翻炒，加食盐、味精调好口味，炒至断生，淋撒香油，装盘即可。

② 生炒辣子鸡

调味料

原料

料形

特点：枣红色，咸鲜，微辣。

原料：

净雏鸡300克，青辣椒50克，竹笋10克，水发香菇10克，干辣椒5克，葱10克，姜5克，蒜5克，食盐2克，味精2克，料酒5克，酱油10克，香油3克，清汤20克，食用油50克。

制法：

（1）将鸡斩成1.2厘米宽、3厘米长的条。青辣椒切成条，竹笋切成长条厚片，香菇切成条。葱切成马蹄葱，姜切成指甲片，蒜切成片，干辣椒切成节。

（2）锅内加底油烧热，加鸡条煸炒至五六成熟，加葱、姜、蒜、干辣椒爆出香味，烹入料酒、酱油，加入清汤，调好口味。待鸡九成熟时，加青辣椒、香菇、竹笋炒熟，淋上香油，出锅装盘。

二、熟炒

1. 定义

原料经初步熟处理（焯水、水煮、酱、卤、蒸等）切配成形后，用中火热油，加调配料，炒制成菜的方法。

2. 工艺流程

选料→熟处理→切配→滑锅→底油烧热→下料→炒制调味→装盘

3. 操作要点

（1）刀工成形时，片不宜太薄、丝不宜太细、条不宜太粗。

（2）熟炒多用中火，油温在五六成热。

（3）调料多用酱类，如甜面酱、豆瓣酱、豆豉等，炒制时一定炒出香味。

（4）成菜一般不勾芡，使菜肴略带浓汁。

4. 成品特点

质地柔韧、软烂，口味咸鲜爽口、醇香浓厚。

5. 典型菜例

① 回锅肉

特点：香味浓郁，肥糯适口，微辣回甜，色红油亮。

原料：

带皮猪后腿肉400克，青蒜苗75克，郫县豆瓣酱50克，酱油3克，白糖5克，甜面酱5克，料酒5克，味精3克，香油2克，食用油30克。

制法：

（1）猪后腿肉刮洗干净，放入汤锅中煮至肉熟皮软，晾透后切成厚片。青蒜苗洗净，切成3厘米长的斜段。

（2）炒锅置火上，下入清油，烧至五成热时，下肉片炒至吐油、受热卷曲时，烹入料酒，再放入剁碎的郫县豆瓣酱同炒至上色，放入甜面酱炒出香味，加入酱油、白糖炒匀入味，最后再放入青蒜苗，翻锅炒至断生时，出锅装盘。

② 蒜蓉海肠

特点：口味咸鲜，质感脆嫩，蒜香浓郁。

原料：

海肠皮250克，大蒜50克，茼蒿梗150克，料酒5克，食盐3克，味精2克，香油3克，食用油20克。

制法：

（1）海肠、茼蒿梗均切成段，大蒜切成末。

（2）海肠、茼蒿分别焯水过凉，捞出控干水分。

（3）锅内底油烧热，加大蒜末煸出香味，烹料酒，下海肠、茼蒿，加食盐、味精调好口味，旺火翻炒至熟，淋香油，出锅装盘。

三、干炒

1. 定义

干炒又称干煸，是用少量热油把原料内部水分煸干（或炸干），再另起锅加入调味料和主辅料，炒制成菜的烹调方法。

2. 工艺流程

原料加工成形→煸炒或炸制→葱、蒜、干辣椒爆锅→加主料煸炒→调味→出锅装盘

3. 操作要点

（1）原料加工成条、丝、片等小形状。

（2）原料煸至出水，炸制时要注意火候，断生即可。

（3）主料、调味料要充分翻炒均匀。

4. 成品特点

色泽多为深红色，口味鲜咸略带麻辣，干香酥脆，不带汤汁。

5. 典型菜例

干煸牛肉丝

特点：色泽红亮，咸鲜麻辣，干香味厚，回味悠长。

原料：

牛肉400克，芹菜100克，姜15克，郫县豆瓣酱25克，花椒面1克，食盐1克，白糖2克，酱油10克，香油10克，熟白芝麻5克，食用油150克。

制法：

（1）将牛肉切成长8厘米、粗0.5厘米的丝，芹菜切成长4厘米、粗0.5厘米的段。

（2）炒锅置火上，倒入100克清油，烧至七成热时，下入切好的牛肉丝，反复煸炒至水分将干时，下入剁碎的郫县豆瓣酱、姜丝、盐继续煸炒，边炒边下入余下的清油，煸炒至牛肉丝散开酥脆时，下入酱油、白糖和芹菜继续煸炒，至芹菜断生时淋上香油，撒上花椒面，起锅装盘，撒上芝麻即可。

四、软炒

1. 定义

原料加工成流体、泥状、颗粒状等半成品，与调味品、鸡蛋、淀粉等调成泥状或半流体，用中小火热油翻炒成菜，或滑油后再炒制成菜的烹调方法。

2. 工艺流程

原料加工→调制半成品→滑油或直接推炒 →炒制成菜

3. 操作要点

（1）原料加工　主料鸡肉或鱼虾需剔净筋络，制成泥状；豆类、薯类需加热至熟软后制成泥，辅料切成小片或颗粒状。

（2）调制半成品　鸡蛋、淀粉、水、奶的比例应适当。

（3）软炒成菜事先要炼锅，手勺要快速推炒，以免挂边。

（4）咸鲜味软炒菜肴，口味宜清淡不腻，油脂的用量应适当；甜香味软炒菜肴，要待主料酥香软烂后，再加入白糖和油脂，糖与油脂完全融合后，及时出锅，防止糖炒焦变色。

4. 成品特点

成菜无汁，形似半凝固状，口味以咸鲜、甜香为主，质地细嫩滑软或酥香油润。

5. 典型菜例

1 木樨肉

调味料

原料

料形

特点：咸鲜清淡，质感软嫩。

原料：

猪瘦肉100克，鸡蛋200克，水发木耳50克，黄瓜50克，葱姜各5克，食盐3克，料酒2克，味精2克，清汤20克，水淀粉15克，香油2克，食用油20克。

制法：

（1）猪瘦肉、木耳、黄瓜切成丝，葱姜切成丝。

（2）将肉丝码味、上浆，入沸水锅中滑至嫩熟，捞出控干水分。鸡蛋打入碗内，加清汤、料酒、食盐、味精搅匀。

（3）锅内底油烧热，加葱姜丝爆锅，下鸡蛋液炒至半凝固状，加肉丝、木耳丝、黄瓜丝，中火翻炒均匀，淋上香油，出锅装盘。

② 木樨虾仁

特点：咸鲜清淡，质感软嫩。

原料：

虾仁100克，鸡蛋200克，水发木耳50克，黄瓜50克，葱姜各5克，食盐3克，料酒2克，味精2克，香油2克，清汤20克，水淀粉15克，食用油20克。

制法：

（1）木耳、黄瓜切成丝，葱姜切成丝。

（2）将虾仁码味、上浆，入沸水锅中滑至嫩熟，捞出控干水分。鸡蛋打入碗内，加清汤、料酒、食盐、味精搅匀。

（3）锅内底油烧热，加葱姜丝爆锅，下鸡蛋液炒至半凝固状，加虾仁、木耳丝、黄瓜丝，中火翻炒均匀，淋上香油，出锅装盘。

五、滑炒

1. 定义

滑炒是将加工好的小形原料，先上浆滑油，少油量急火快炒成菜的烹调方法。

2. 工艺流程

刀工处理→腌渍入味→上浆→滑油至断生→烹汁成菜

3. 操作要点

（1）选料应是鲜嫩的鱼、虾、肉类原料。

（2）刀工成形要整齐划一。

（3）滑炒要求火力旺，操作速度快，成菜时间短。

（4）滑油时要求原料转色断生即可。

4. 成品特点

咸鲜，滑嫩。

5. 典型菜例

滑炒肉丝

调味料

原料

料形

特点：色泽洁白，口感滑嫩。

原料：

猪通脊肉400克，竹笋10克，香菜段5克，葱姜各3克，鸡蛋清一个，水淀粉20克，食盐3克，味精3克，料酒5克，清汤15克，清油1000克（耗160克）。

制法：

（1）将肉切成长约4.5厘米、粗约0.3厘米的丝，放入容器内，加入食盐1克、味精1克、料酒2克腌渍入味，再上浆备用。竹笋切成丝，葱姜切成丝。余下的调味品加清汤兑成调味汁备用。

（2）炒锅置火上烧热，炼锅后，再加入油烧至四成热，投入上好浆的肉丝，用筷子顺一个方向滑散，待变白色断生时，捞出控油。

（3）锅中留底油，放入葱姜丝爆锅，加竹笋丝、香菜段略煸，下滑好的肉丝，烹入调味汁，翻锅炒匀，出锅装盘。

学习单元2　爆

一、油爆

1. 定义

油爆一般是将动物性的脆性原料，刀工成形，开水一焯，热油一促，煸炒配料，投入主料，倒入兑好的芡汁，急火浓芡的一种烹调方法。

2. 工艺流程

选择原料→刀工成形→沸水锅焯水→热油一促→爆锅→下入主料、烹入调味芡汁→旺火速成

3. 操作要点

（1）烹调过程中要把握好三个"快"字：焯水要快、过油要快、翻炒要快。

（2）底油的量不可过多，否则会影响芡汁的裹附。

4. 成品特点

芡包主料油包芡，食完盘内无芡汁，仅有少许底油，口味以咸鲜为主，脆嫩、清淡、不腻。

5. 典型菜例

① 油爆乌鱼花

特点：口味咸鲜，脆嫩爽口。

原料：

净乌鱼500克，竹笋10克，香菜段5克，葱蒜各3克，食盐3克，味精2克，醋3克，料酒3克，清汤25克，淀粉5克，香油3克，食用油500克。

制法：

（1）将乌鱼改麦穗花刀，竹笋切成象眼片，葱切成指段，蒜切成片。

（2）取小碗一只，放入食盐、料酒、醋、味精、淀粉、清汤和香油，兑成调味粉汁。

（3）将改好刀的乌鱼入沸水锅中焯一下，捞出控净水。再将油烧至八成热，将

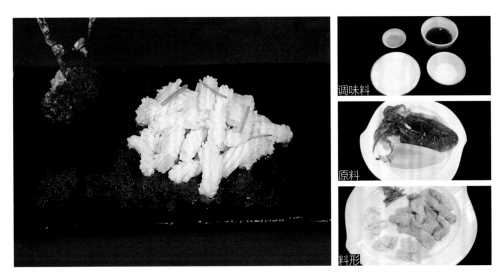

调味料

原料

料形

乌鱼花入油中快速地促一下，捞出控油。

（4）锅内加底油烧热，下指段葱、蒜片爆锅，煸炒竹笋片、香菜段，下乌鱼花，烹入事先兑好的调味粉汁，旺火翻炒均匀，出锅装盘。

② 油爆海螺

调味料

原料

料形

特点：口味咸鲜，脆嫩爽口。

原料：

净海螺肉400克，竹笋10克，木耳10克，香菜段5克，葱蒜各10克，食盐3克，味精2克，料酒3克，醋5克，清汤25克，淀粉5克，食用油500克。

制法：

（1）将海螺肉片成片，竹笋切成梳子片，葱切成指段，蒜切成片，木耳撕成小朵。

（2）取小碗一只，放入清汤、食盐、料酒、醋、味精、淀粉和香油，兑成调味粉汁。

（3）将海螺片入沸水锅中迅速地焯一下，捞出控净水。再将油烧至八成热，将海螺片入油中快速地促一下，捞出控油。

（4）锅内加底油，烧热，加指段葱、蒜片爆锅，煸炒竹笋片、木耳、香菜段，下海螺片，烹入事先兑好的调味粉汁，旺火翻炒均匀，出锅装盘。

二、爆炒

1. 定义

爆炒是将动物性的鲜嫩原料加工成形，上浆滑油，煸炒配料，加入主料，倒入兑好的调味粉汁，急火勾包芡的一种烹调方法。

2. 工艺流程

选择原料→刀工成形→上浆→滑油→下入主料→烹入芡汁→翻炒成菜

3. 操作要点

（1）原料刀工成形要一致。

（2）原料滑油至断生即可，以保证其软嫩度。

4. 成品特点

与油爆相似。

5. 典型菜例

①爆炒肉丝

调味料

原料

料形

特点：咸鲜滑嫩。

原料：

猪瘦肉400克，葱姜丝各3克，蒜片3克，冬笋丝5克，食盐3克，味精2克，料酒2

克，香油2克，淀粉15克，鸡蛋清25克，清汤30克，食用油500克。

制法：

（1）用清汤、食盐、味精、料酒、水淀粉兑成调味粉汁。

（2）肉切丝，码味、上浆、滑油，捞出控油。

（3）锅内底油烧热，用葱姜丝、蒜片、冬笋丝爆锅，下入肉丝和调味粉汁，旺火勾包芡成菜。

② 爆炒虾片

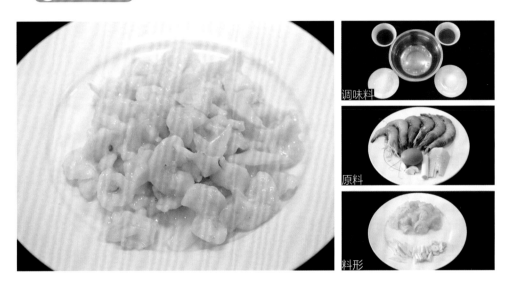

调味料

原料

料形

特点：咸鲜滑嫩。

原料：

大虾10只，青蒜苗20克，指段葱15克，蒜片10克，冬笋片5克，食盐3克，味精2克，料酒2克，香油2克，淀粉15克，鸡蛋清20克，清汤30克，食用油750克。

制法：

（1）用清汤、料酒、食盐、淀粉、味精、香油兑成调味粉汁。

（2）大虾去头、尾、皮，片成片，腌渍入味，上浆、滑油，捞出控油。

（3）锅内底油烧热，用指段葱、蒜片、冬笋片爆锅，下入虾片和调味粉汁，旺火勾包芡成菜。

③ 爆炒腰花

特点：色红，咸鲜，脆嫩。

原料：

猪腰300克，青蒜苗20克，指段葱15克，蒜片10克，冬笋片20克，食盐2克，味精2克，酱油10克，米醋15克，白糖10克，料酒2克，香油2克，淀粉15克，鸡蛋清10

克，清汤15克，食用油750克。

制法：

（1）用清汤、料酒、酱油、米醋、白糖、食盐、淀粉、味精兑成调味粉汁。

（2）将猪腰改麦穗花刀，腌渍入味、上浆，在八成热的油中滑炸至嫩熟，捞出控油。

（3）锅内底油烧热，用指段葱、蒜片、冬笋片、青蒜苗爆锅，下入腰花和调味粉汁，旺火勾包芡成菜。

调味料

原料

料形

三、酱爆

1. 定义

酱爆是以炒熟的面酱（黄酱或辣酱），爆炒主料、配料的一种烹调方法。

2. 工艺流程

酱爆的工艺流程与油爆、爆炒相似，不同之处在于：①过油后的原料放入炒好的面酱中颠翻裹匀；②调味品除用酱外，还加少许白糖。

3. 操作要点

（1）关键是炒好面酱，酱的数量以相当于主料的1/5为宜；炒酱的油量相当于酱的1/2，油多酱少则裹不住主料；而油少酱多则易巴底粘锅。

（2）酱要炒熟炒透，炒出香味来，不可有生酱味。

（3）糖不可放得太早，一般在菜即将成熟时放糖，以增加菜的甜味和色泽。

（4）酱爆不勾芡（自来芡）。

4. 成品特点

色泽深红、油光闪亮、质地脆嫩、酱香味浓郁。

5. 典型菜例

酱爆肉丁

调味料

原料

料形

特点：酱红色，咸鲜、滑嫩，酱香浓郁。

原料：

猪瘦肉350克，指段葱10克，蒜片10克，竹笋丁30克，食盐1克，白糖2克，味精2克，面酱15克，料酒3克，蛋清20克，淀粉10克，清汤25克，香油2克，食用油750克。

制法：

（1）肉切大片，剞上多十字花刀，改刀成指丁大的方丁，上浆、滑油，捞出备用。

（2）锅内底油烧热，用指段葱、蒜片、竹笋丁爆锅，加面酱煸炒，加入清汤，加食盐、白糖、味精调好口味，倒入肉丁翻匀，淋上香油装盘即可。

四、宫爆

1. 定义

宫爆这种烹调方法与酱爆基本相似，只是在出锅前加入炸熟的花生米。

2. 工艺流程

宫爆的工艺流程与酱爆基本相似。

3. 操作要点

（1）关键是炒好面酱，酱的数量以相当于主料的1/5为宜；炒酱的油量相当于酱的1/2，油多酱少，则裹不住主料；而油少酱多，则容易巴锅。

（2）酱炒熟炒透，炒出香味来，不可有生酱味。

（3）加糖时间不可太早，一般是在原料即将成熟时放糖，以增加菜品的甜味和色泽。

4. 成品特点

色泽深红、油光闪亮、质地脆嫩、酱香味浓郁。

5. 典型菜例

宫爆鸡丁

特点：鸡丁滑嫩，花生米酥脆，酱香浓郁。

原料：

鸡脯肉350克，指段葱5克，蒜片5克，竹笋丁10克，干辣椒节2克，炸熟去皮的花生米20克，食盐1克，白糖2克，味精2克，甜面酱10克，料酒3克，蛋清10克，淀粉10克，清汤20克，香油2克，食用油750克。

制法：

（1）将鸡脯肉改刀成指丁大的方丁，上浆、滑油，捞出备用。

（2）锅内底油烧热，用指段葱、蒜片、竹笋丁、干辣椒节爆锅，加甜面酱煸炒，加入清汤，加料酒、白糖、味精，用湿淀粉勾芡，倒入肉丁翻匀，加入花生米，淋上香油，出锅装盘。

五、芫爆

1. 定义

芫爆是以芫荽（香菜）为主要配料，爆制成菜的烹调方法。

2. 工艺流程

选择原料→刀工处理→底油爆锅→煸炒配料、下入主料→烹入清汁→旺火翻炒成菜

3. 操作要点

（1）配料香菜段的数量要充足。

（2）调味宜清淡。

4. 成品特点

以主料的本色为主，辅以香菜为配料，白绿相间，相得益彰，咸鲜清淡，有浓郁的芫荽香味和花椒香味。

5. 典型菜例

① 芫爆里脊丝

特点：白绿相间，咸鲜滑嫩，具有浓郁的芫荽香气和花椒香味。

原料：

猪里脊肉350克，芫荽100克，葱姜丝各5克，食盐3克，白胡椒粉2克，味精2克，蛋清20克，料酒5克，淀粉20克，清汤20克，花椒水10克，香油2克，食用油500克。

制法：

（1）里脊肉切丝，芫荽去叶留梗，切成段备用。

（2）肉丝码味上浆。锅中加食用油，烧至四成热，将肉丝下入，滑散至断生，捞出控油。

（3）锅中加底油，烧热，加葱姜丝爆锅，加芫荽段略煸，烹料酒、清汤、花椒水、胡椒粉，加食盐、味精，烧开，下入肉丝，翻炒均匀，淋入香油，盛入盘中即可。

②芫爆蛏子

调味料

原料

料形

特点：咸鲜清淡，具有浓郁的芫荽香气和花椒香味。

原料：

熟蛏子肉300克，芫荽100克，葱姜丝各10克，食盐3克，味精2克，料酒5克，白胡椒粉2克，清汤20克，花椒油10克，香油3克。

制法：

（1）芫荽去叶留梗，切成段备用。

（2）锅中加清汤、花椒水、胡椒粉烧开，加葱姜丝爆锅，加芫荽段略煸，烹料酒，加食盐、味精，烧开，下入蛏子肉，翻炒均匀，淋上香油，盛入盘中即可。

六、火爆

1. 定义

火爆是将动物性原料刀工成形，码味后，上浆或不上浆，投入已燃烧的少油量油锅中，快速成菜的一种爆法。

2. 工艺流程

选择原料→刀工处理→码味、上浆→底油烧至燃点→下入主料→旺火翻炒成菜

3. 操作要点

（1）原料事先要调好口味。

（2）火力要旺。

（3）翻炒的频率要快。

4. 成品特点

质感脆嫩，火燎味浓。

5. 典型菜例

火爆燎肉

调味料

原料

料形

特点：质感软嫩，火燎味浓。

原料：

猪坐臀肉500克，葱5克，姜5克，蒜5克，料酒15克，酱油10克，甜面酱40克，香油10克，食用油100克。

制法：

（1）将肉切成0.2厘米厚的片，葱姜切成丝，蒜切成片。

（2）将肉片中加入料酒、酱油、甜面酱、葱姜丝、蒜片、香油拌和均匀。

（3）锅内加底油，旺火烧至十成热，当火苗达到60厘米高时，迅速倒入腌制好的肉片，用手勺急速拨动，配合颠锅，使肉片在锅内一边炒一边燎，直至肉片成熟，出锅装盘。

七、葱爆

1. 定义

葱爆是以大葱为主要配料，爆制成菜的烹调方法。

2. 工艺流程

选择原料→刀工处理→底油爆锅→煸炒配料、下入主料→旺火翻炒成菜

3. 操作要点

（1）配料必须是大葱，并且数量相对要多一些。

（2）翻炒频率要快，以保证原料的质感。

4. 成品特点

鲜香可口，质感软嫩，葱香浓郁。

5. 典型菜例

葱爆肉

调味料

原料

料形

特点：口味咸鲜，肉质软嫩，葱香浓郁。

原料：

猪里脊肉400克，葱150克，食盐3克，味精2克，料酒3克，酱油3克，蛋清25克，淀粉10克，香油5克，清汤20克，食用油50克。

制法：

（1）将肉切成0.2厘米厚的片，葱切成段。碗内加食盐、味精、料酒、酱油、清汤，兑好调味清汁。

（2）肉片码味、上浆，入四成热的油中滑至嫩熟，捞出控油。

（3）锅内加底油烧热，下大葱煸炒出香味，烹入事先兑好的调味清汁，加肉片，旺火翻炒均匀，淋入香油，出锅装盘。

学习单元3 熘

一、滑熘

1. 定义

滑熘是将原料切配成形，上浆滑油，另起锅烹入芡汁成菜的烹调方法。

2．工艺流程

选料切配→码味上浆→下料滑油至断生→另起锅煸炒配料→调味入芡汁勾芡→下入主料，推匀起锅装盘

3．操作要点

（1）宜选用鲜嫩无骨的原料加工成丝、条、片、丁等小形状，便于入味成熟。

（2）滑熘类原料均需上浆，严格按照上浆的要求操作。

（3）滑油时要根据菜肴的色泽要求选择适当的油脂，掌握适当的油温。

（4）芡汁应略多稍稀（流芡）给人柔软之感，芡汁不能紧而厚。

（5）掌握好码味和复合味，码味不能过咸或过淡，以咸鲜味和酸甜味为主。

4．成品特点

明汁亮芡，质感滑嫩，鲜香清淡。

5．典型菜例

1 熘肉片

特点：口味咸鲜，质感滑嫩。

原料：

猪瘦肉350克，葱10克，蒜10克，水发木耳15克，冬笋20克，青菜15克，食盐3克，味精2克，料酒3克，蛋清25克，湿淀粉20克，清汤150克，香油2克，食用油750克。

制法：

（1）将猪肉改刀成0.2厘米厚的片，加食盐、料酒、味精腌渍入味，将肉片上浆，滑油，捞出备用。葱切豆瓣葱，蒜切片，水发木耳撕小朵，青菜片抹刀片，冬笋切片。

（2）锅内底油烧热，葱蒜爆锅，烹料酒，再加清汤、木耳、冬笋片、青菜、食盐、味精，烧开后用湿淀粉勾芡，将肉片倒入锅内翻匀，淋入香油盛出即可。

② 糟熘鱼片

原料

料形

特点：咸鲜滑嫩，糟香浓郁。

原料：

牙片鱼肉300克，葱10克，蒜10克，水发木耳15克，冬笋20克，青菜15克，食盐3克，白糖35克，味精2克，料酒3克，蛋清25克，湿淀粉20克，清汤150克，香糟汁30克，香油2克，食用油750克。

制法：

（1）将鱼肉改刀成0.3厘米厚的片，加食盐、料酒、味精腌渍入味，将鱼片上浆，滑油至嫩熟，捞出备用。葱切豆瓣葱，蒜切片，水发木耳撕小朵，冬笋切片。

（2）锅内底油烧热，葱蒜爆锅，烹料酒，再加清汤、香糟汁、木耳、冬笋片、青菜、食盐、白糖、味精，烧开后用湿淀粉勾芡，将鱼片倒入锅内翻匀，淋入香油盛出即可。

③ 熘肝尖

调味料

原料

料形

特点：口味咸鲜，质感滑嫩。

原料：

猪肝350克，豆瓣葱15克，蒜片15克，水发木耳20克，冬笋片20克，青菜15克，食盐2克，味精2克，酱油10克，料酒3克，醋10克，蛋清25克，湿淀粉20克，清汤150克，香油2克，食用油750克。

制法：

（1）将猪肝改刀成0.3厘米厚的片，加酱油、料酒、味精腌渍入味，上浆，入六七成热的油中滑炸至嫩熟，捞出备用。

（2）锅内底油烧热，葱蒜爆锅，烹料酒、醋、酱油，再加清汤、木耳、冬笋片、青菜、食盐、味精，烧开后用湿淀粉勾芡，将肝尖倒入锅内翻匀，淋入香油盛出即可。

二、炸熘

1. 定义

炸熘是指原料加工成形，码味、挂糊、炸制后再浇淋或粘裹芡汁成菜的烹调方法。

2. 工艺流程

原料切配→码味→挂糊（拍粉）→定形炸制→复炸至酥脆→兑汁熘制→成菜装盘

3. 操作要点

（1）刀工要求　原料规格要一致，以使炸制时受热均匀，成熟度和色泽一致。

（2）腌渍入味　以基本咸味为准，但只能入味六七成，只有在炸好之后，经过挂汁才能完全够味，主料的口味和汁的口味要配合好。

（3）糊粉的厚薄应适当，太厚、太薄都会影响到成品的质量，拍粉应现拍现炸。

（4）掌握好油温，初炸定形、复炸至表面酥脆。

（5）兑汁熘制　无论是咸鲜、糖醋还是鱼香味，都要求其中的调味品比例适当。淀粉的用量要适当，以保证芡汁的浓稠度，配合明油，效果更好。

（6）以鸡肉、鱼、虾、猪肉制泥，蒸后再炸制的菜肴，宜用中火热油炸制，以达到皮酥肉嫩的效果，无论是加工成片状、块状还是条状，都适宜用浇淋芡汁。

4. 成品特点

色泽艳丽，口味咸鲜、酸甜居多，质感外焦香酥脆、里鲜嫩可口。

5. 典型菜例

① 糖醋鲤鱼

特点：色泽红亮，外酥脆，里软嫩，酸甜适口，造型美观。

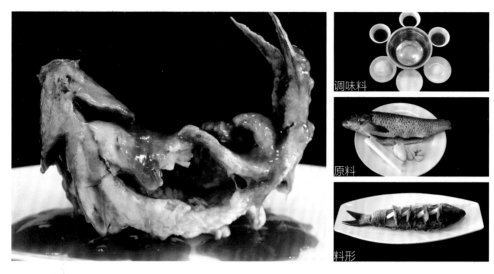

调味料

原料

料形

原料：

鲤鱼1条（约750克），葱10克，姜5克，蒜5克，食盐5克，白糖200克，料酒20克，酱油50克，醋60克，淀粉50克，食用油1.5千克（耗150克）。

制法：

（1）鲤鱼刮去鳞，去掉鳃和内脏后洗净，再由鳃下至鱼尾（两面）每隔3厘米打成牡丹花刀，然后放在大盆内，先用食盐、料酒涂抹鱼身，再将水粉糊倒在鱼身上裹匀。

（2）炒锅上火加入食用油，烧至七成热时，提着鱼尾将鱼头下入锅内正反转动，待鱼头炸至金黄色时，再将鱼身全部放入锅内，炸至全身呈金黄色时捞出，待油温回升至八成热时，将鱼投入复炸至鱼表面酥脆、呈金黄色时捞出装盘。

（3）葱姜蒜分别切米，炒锅中留底油，用葱、姜、蒜末爆锅，加水、白糖、酱油、醋烧开后勾浓熘芡，打入少量热油发芡，均匀地浇在鱼身上。

② 糖醋里脊

调味料

原料

料形

特点：色泽红亮，外酥里嫩，酸甜适中。

原料：

猪里脊肉300克，葱10克，姜5克，蒜5克，食盐2克，白糖100克，料酒10克，酱油25克，醋30克，鸡蛋50克，面粉20克，淀粉30克，清汤75克，食用油750克。

制法：

（1）将里脊肉切成0.3厘米厚的片，加食盐、味精、料酒腌渍入味。葱、姜、蒜均切成末。鸡蛋、淀粉、面粉调匀成糊。另将白糖、酱油、醋、清汤放入碗内兑成汁。

（2）炒锅上火加入食用油，烧至七成热时，将挂匀糊的肉片逐片下入，待肉片炸至表面变硬时，捞出。待油温回升至八成热时，将肉片投入复炸，至肉片表面酥脆，呈金黄色时，捞出控油。

（3）炒锅中留底油，葱、姜、蒜末爆锅，将兑好的汁倒入锅内烧开，勾浓熘芡，打入热油，待芡汁油亮后，下炸好的肉片，翻匀，出锅装盘。

③ 烧熘鱼条

特点：色泽红亮，外酥里嫩，咸鲜适口。

原料：

净牙片鱼肉300克，竹笋20克，油菜心25克，水发木耳15克，葱10克，蒜5克，食盐2克，味精2克，料酒10克，酱油15克，醋5克，鸡蛋50克，面粉20克，淀粉30克，清汤75克，食用油750克。

制法：

（1）将鱼肉切成条，加食盐、味精、料酒腌渍入味。切指段葱，蒜片，竹笋片，木耳撕成小朵。鸡蛋、淀粉、面粉调匀成糊。另将淀粉、食盐、味精、料酒、酱油、醋、清汤放入碗内兑成汁。

（2）炒锅上火加入食用油，烧至七成热时，将挂匀糊的鱼条下入，待鱼条炸至表面变硬时捞出。待油温回升至八成热时，将鱼条投入复炸，至表面酥脆、呈金黄色时，捞出控油。

（3）炒锅中留底油，葱、蒜爆锅，下配料煸炒，将兑好的汁倒入锅内烧开，勾浓熘芡，打入热油，待芡汁油亮后，下炸好的鱼条，翻匀，出锅装盘。

④ 烧熘豆腐

调味料

原料

料形

特点：色泽红亮，咸鲜软嫩。

原料：

豆腐400克，竹笋20克，油菜心25克，水发木耳15克，葱10克，蒜5克，食盐2克，味精2克，料酒10克，酱油15克，淀粉20克，清汤75克，食用油750克。

制法：

（1）将豆腐切成厚象眼片，切指段葱，蒜片，竹笋片，木耳撕成小朵。另将淀粉、食盐、味精、料酒、酱油、清汤放入碗内兑成汁。

（2）炒锅上火加入食用油，烧至七成热时，将豆腐下入，待炸至表面呈金黄色时捞出。

（3）炒锅中留底油，葱、蒜爆锅，下配料煸炒，将兑好的汁倒入锅内烧开，勾浓熘芡，打入热油，待芡汁油亮后，下炸好的豆腐，翻匀，出锅装盘。

⑤ 辣椒鸡

特点：色泽红亮，外酥里嫩，咸鲜微辣。

原料：

小公鸡1只，竹笋20克，青椒50克，水发木耳15克，葱10克，蒜5克，干辣椒节5克，食盐2克，料酒10克，酱油15克，鸡蛋50克，面粉20克，淀粉30克，清汤100克，食用油1000克。

制法：

（1）将鸡斩成小块，加酱油、味精、料酒腌渍入味。切指段葱、蒜片、竹笋片，木耳撕成小朵。另将淀粉、食盐、料酒、酱油、清汤放入碗内兑成汁。鸡蛋、淀粉、面粉调匀成糊。

（2）炒锅上火加入食用油，烧至七成热时，将鸡块挂糊，逐块下入，待炸至八成熟时捞出。待油温再次升至八成热时，投入复炸，至鸡块成熟、呈金黄色时，捞出控油。

（3）炒锅中留底油，葱、蒜、干辣椒节爆锅，下配料煸炒，将兑好的汁倒入锅内烧开，勾浓熘芡，打入热油，待芡汁油亮后，下炸好的鸡块，翻匀，出锅装盘。

调味料

原料

料形

⑥ 菊花鱼

调味料

原料

料形

特点：色泽红亮，酸甜适中。

原料：

带皮净鱼肉300克，洋葱丁15克，水发香菇丁15克，竹笋丁15克，胡萝卜丁15克，青豆15克，食盐2克，白糖75克，料酒10克，醋10克，番茄酱50克，淀粉150克，清汤75克，食用油750克。

制法：

（1）将鱼肉剞菊花花刀，加食盐、味精、料酒腌渍入味。

（2）将鱼肉逐块拍匀干淀粉，入七成热的油中，炸至花瓣酥脆、呈金黄色，捞出控油，摆在盘内。

（3）锅中加底油，加洋葱丁、香菇丁、竹笋丁、胡萝卜丁、青豆爆锅，加番茄酱略炒，烹料酒，加清汤、食盐、白糖、醋烧开，用水淀粉勾成浓熘芡，淋香油，均匀地浇在鱼上即可。

7 松鼠鱼

调味料

原料

料形

特点：色泽红亮，酸甜适中。

原料：

带皮净鱼肉300克，洋葱丁15克，水发香菇丁15克，竹笋丁15克，青豆15克，番茄酱200克，食盐2克，白糖75克，料酒10克，醋45克，淀粉150克，清汤75克，食用油750克。

制法：

（1）将鱼肉剞松鼠花刀，加食盐、味精、料酒腌渍入味。

（2）将鱼肉拍匀干淀粉，入七八成热的油中炸熟，呈金黄色，捞出控油，摆在盘内。

（3）锅中加底油，加洋葱丁、香菇丁、竹笋丁、青豆爆锅，烹料酒，加番茄酱、清汤、食盐、白糖、醋烧开，用水淀粉勾成浓熘芡，淋香油，均匀地浇在鱼上即可。

三、软熘

1. 定义

软熘是将质地软嫩的原料，经蒸、煮或汆，使之成熟后，再浇汁成菜的烹调方法。

2. 工艺流程

刀工处理→初熟处理（蒸、煮或汆）→捞出装盘→调制芡汁→浇淋于原料

3. 操作要点

（1）选料应以柔软细嫩、新鲜的原料（如鱼类）为主，流质原料如蛋、奶也可。

（2）初熟处理时要掌握原料的成熟度。

4. 成品特点

口味清淡鲜香，质感突出软嫩。

5. 典型菜例

1 五柳鲈鱼

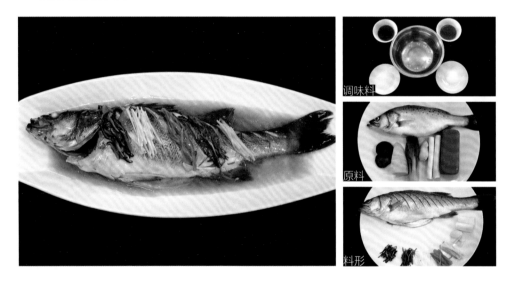

特点：口味咸鲜，质感软嫩。

原料：

鲈鱼1条（750克左右），肥肉丝25克，葱姜丝各10克，火腿丝10克，香菜段10克，冬笋丝10克，冬菇丝10克，花椒、八角各3克，食盐5克，料酒10克，味精5克，香油5克，清汤50克。

制法：

（1）将鱼洗净，改柳叶花刀，焯水，控净水，入盘内撒匀食盐、味精、料酒，摆上肥肉丝、冬笋丝、葱姜丝、冬菇丝、花椒、八角，上锅蒸至嫩熟，拣去花椒、八角。

（2）将盘内原汁入锅烧开，去掉浮沫，下火腿丝、香菜段等，加食盐、料酒、

味精再次烧开，勾薄芡，淋入香油，浇在盘内的鱼上即可。

② 白汁鱼卷

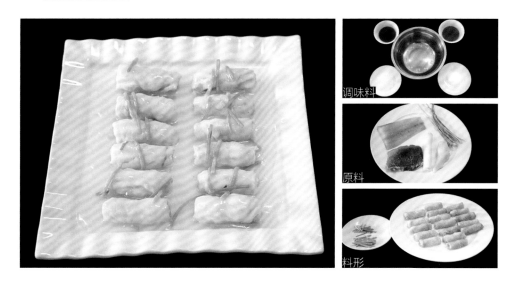

特点：口味咸鲜，质感软嫩。

原料：

净牙片鱼肉250克，猪瘦肉100克，青豆10克，火腿丝10克，葱10克，姜5克，食盐3克，味精3克，料酒5克，香油5克，淀粉10克，清汤20克。

制法：

（1）将鱼肉片成长方片，加食盐、味精、料酒腌渍入味。猪瘦肉斩成蓉，加葱姜末、食盐、味精、料酒、清汤、香油调匀成馅。

（2）将肉馅放入鱼片一端，卷紧制成鱼卷，摆入盘中，入蒸锅中蒸熟。

（3）将盘中的汁倒入锅中，加清汤、火腿丝、青豆，调好口味，烧开，勾薄芡，淋入香油，浇在盘中的鱼上即可。

③ 肉末瓦糕

特点：色泽鲜艳，口味咸鲜，质感软嫩。

原料：

猪肥瘦肉末100克，鸡蛋200克，青红椒各5克，葱5克，姜5克，食盐3克，味精3克，料酒5克，酱油10克，香油5克，淀粉10克，清汤50克。

制法：

（1）将肉切成末，葱、姜切成末，青红椒切成末。将鸡蛋打入汤盘内，加清汤、食盐、味精、料酒搅匀，上蒸锅蒸至嫩熟，取出制成瓦糕。

（2）锅内加底油烧热，加葱姜末爆锅，下肉末炒至断生，加清汤、料酒、酱油、味精烧开，用水淀粉勾芡，淋入香油，浇在瓦糕上，撒上青红椒末。

调味料

原料

料形

学习单元4　烹

1. 定义

烹是将加工成形的原料腌渍入味，挂糊或拍干粉，用旺火热油炸（或煎）制成熟后，再烹入调味清汁入味成菜的烹调方法。

2. 工艺流程

选料→改刀成形→码味→挂糊或拍粉→兑制调味清汁→炸（或煎）至成熟→烹入调味清汁→装盘成菜

3. 操作要点

（1）原料成形多以片、条、块、段居多，也可是自然形态。原料形状大小要一致。

（2）原料大多要进行码味处理，清汁是不带粉芡的调味汁。

（3）原料炸（或煎）好后应迅速烹入清汁，以充分保证成品的质感。

（4）调味汁的数量和味的浓度要根据原料是否挂糊、锅内温度、原料对味汁的渗透度来决定。

4. 成品特点

外酥香，里鲜嫩，爽口不腻，略带汤汁。

5. 典型菜例

① 炸烹虾段

调味料

原料

料形

特点：色泽红亮，咸鲜微带甜酸，质感脆嫩，风味独特。

原料：

大虾10只，葱5克，姜5克，香菜5克，食盐2克，白糖10克，味精2克，料酒10克，酱油10克，醋10克，淀粉100克，食用油750克，清汤50克。

制法：

（1）将大虾剪去须、脚，挑去沙袋、虾线，洗净，沥干水分，斩成段。加食盐、味精腌制入味。葱姜切成丝，香菜切成段。

（2）食盐、白糖、料酒、酱油、醋、清汤兑成调味清汁。

（3）把炒锅置旺火上，倒入食用油，烧至七成热，将虾段拍粉入锅，用手勺不断推动，炸至断生，捞起。待油温升至八成热时，再将虾段入锅，复炸至外皮酥脆，捞起控油。

（4）炒锅内留底油，投入葱姜丝、香菜段煸香，加虾段，烹入调味清汁，旺火翻炒均匀，出锅装盘。

② 炸烹里脊

特点：口味咸鲜，微带甜酸，外酥里嫩，风味独特。

原料：

猪里脊肉400克，葱5克，姜5克，香菜5克，食盐2克，白糖10克，味精2克，料酒10克，酱油10克，醋10克，淀粉50克，面粉20克，鸡蛋1只，食用油750克，清汤50克。

制法：

（1）将里脊肉切成片，葱姜切成丝，香菜切成段。

（2）淀粉、面粉加鸡蛋调匀成糊，备用。

（3）食盐、白糖、料酒、酱油、醋、清汤兑成调味清汁。

（4）把炒锅置旺火上，倒入食用油，烧至七成热，将里脊肉挂匀糊，逐片下入锅中。用手勺不断推动，炸至断生，捞起。待油温升至八成热时，再将肉片入锅，复炸至外酥里嫩，捞起控油。

（5）炒锅内留底油，投入葱姜丝、香菜段煸香，烹入调味清汁，加肉片，旺火翻炒均匀，出锅装盘。

调味料

原料

料形

学习单元5 炸

一、干炸

1. 定义

干炸是将经刀工处理后的原料，用调味品腌制后，经拍粉或挂糊入油锅炸制成熟的一种烹调方法。

2. 工艺流程

原料选择→刀工处理→码味→拍粉（或挂糊）→炸制装盘

3. 工艺分类

（1）拍粉干炸　原料码味后拍干粉炸制，如干炸小鱼、干炸鸡柳等。

（2）挂糊干炸　原料码味后挂水粉糊后炸制，如干炸里脊、干炸鱼条等。

（3）制成丸子干炸　肉糜制品，制丸后炸制，如干炸肉丸等。

（4）蒸后干炸　蒸制后的泥状制品成形后炸制，如炸土豆丸、炸山药丸、炸南瓜丸等。

4．操作要点

（1）拍粉或挂糊要均匀一致，不宜太厚或太薄。

（2）拍粉要拍匀，并且要现拍现炸。

（3）原料逐块下锅，以防粘连。

5．成品特点

干香味浓，外酥里嫩，色泽金黄。

6．典型菜例

① 干炸里脊

特点：色泽金黄，外焦里嫩，口味咸鲜。

原料：

猪里脊肉300克，料酒2克，食盐2克，味精3克，酱油5克，鸡蛋30克，淀粉50克，面粉15克，食用油750克，花椒盐适量。

制法：

（1）将里脊肉切成0.3厘米厚的片，用料酒、酱油、食盐腌渍入味，再挂上全蛋糊（鸡蛋、淀粉、面粉加水调制）。

（2）锅内加油烧至七成热，将里脊肉逐块入锅，炸至外表发硬时捞出，待油温上升至八九成热时，再将里脊肉投入复炸，捞出控油，装盘，外带花椒盐上桌。

② 干炸丸子

特点：色呈枣红，干香酥脆，咸鲜适口。

原料：

猪五花肉500克，葱姜汁10克，料酒5克，食盐5克，味精3克，黄豆酱3克，绿豆淀粉100克，食用油750克，花椒盐适量。

制法：

（1）将五花肉切成米粒状，加料酒、葱姜汁、味精、食盐、黄豆酱、绿豆淀粉，抓匀上劲，在30~40℃的环境中静置发酵8小时。

（2）将备好的肉馅掐成栗子大小的丸子。锅内加油烧至五成热，将丸子逐个入锅，小火浸炸至外表酥脆、呈枣红色时捞出，控净油，装盘，外带花椒盐上桌。

调味料

原料

料形

二、软炸

1. 定义

软炸是将刀工处理后的质嫩形小的原料，码味后挂软糊炸制成熟的一种烹调方法。

2. 工艺流程

选择原料→刀工成形→码味腌制→挂糊→炸制→装盘

3. 操作要点

（1）宜选用无骨、无皮、无异味、质地鲜嫩的原料。

（2）刀工成形多以块、条、片等小形状为主。

（3）码味宜选用食盐、料酒等，保证不影响成品色泽。

（4）码味后尽量沥干水分。

（5）炸制时油温不宜太高，一般为六成以下。

（6）宜选用光泽好、回软快的花生油。

（7）逐个下锅，防止粘连。

（8）适当进行辅助调味。

4．成品特点

色泽金黄（或浅黄），外酥软里鲜嫩，口味清香。

5．典型菜例

① 软炸平菇

特点：色泽浅黄，外酥里嫩，口味清香。

原料：

平菇300克，鸡蛋50克，料酒2克，食盐3克，味精2克，淀粉50克，面粉10克，花生油750克，花椒盐适量。

制法：

（1）将平菇撕成条，焯水，沥干水分，用料酒、食盐、味精码味，挂上蛋清糊（淀粉、面粉加蛋清调制）。

（2）花生油烧至五六成热，将挂好糊的香菇逐一下锅炸制，待香菇呈浅黄色时，捞出、沥油、装盘，带花椒盐味碟上桌。

② 软炸里脊

特点：色泽浅黄，外焦里嫩，口味咸鲜。

原料：

猪里脊肉300克，料酒2克，食盐3克，味精2克，淀粉50克，鸡蛋50克，花生油750克，花椒盐适量。

制法：

（1）将里脊肉片成0.4厘米厚的片，打多十字花刀，再改成菱形块，用料酒、食盐、味精腌渍入味，再挂上蛋清糊（淀粉加蛋清调制）。

（2）锅内加油烧至五成热，将里脊肉逐块入锅，炸至外表略硬时捞出，待油温上升至七成热时，再将里脊肉投入复炸，捞出控油，装盘，外带花椒盐上桌。

调味料
原料
料形

三、清炸

1. 定义

清炸是将经过刀工处理后的原料，不挂糊、不上浆，只用调味品腌渍入味，直接用旺火热油加热成菜的烹调方法。

2. 工艺流程

选择原料→初加工→原料成形→码味腌制→炸制→装盘

3. 操作要点

（1）原料成形要求大小、厚薄均匀一致，以使原料成熟度一致。

（2）码味时不宜过多使用有色调味品。

（3）根据原料形状大小采用合适的操作手法（重复油炸或间隔炸）。

（4）原料成熟后及时上桌以保证其质感。

（5）适当进行辅助调味。

4. 成品特点

外脆里嫩，口味清香，突出本味。

5. 典型菜例

清炸里脊

调味料

原料

料形

特点：色呈枣红，口味清香，质感脆嫩。

原料：

猪里脊肉400克，料酒2克，食盐2克，酱油3克，食用油750克，花椒盐适量。

制法：

（1）将里脊肉切成滚料块，用食盐、料酒、酱油腌渍入味。

（2）锅内加油烧至七成热，将肉块入油锅中炸至断生，捞出，待油温升至八成热时再复炸一至两次，捞出控油，装盘，外带花椒盐上桌。

四、香炸

1. 定义

香炸是将刀工处理后的原料经码味、拍粉、拖蛋液，再沾上碎屑料，旺火热油炸制成熟的一种烹调方法。

2. 工艺流程

原料刀工处理→码味→拍粉→拖上蛋液→沾挂碎屑料→炸制成菜→改刀（或不改刀）装盘

3. 操作要点

（1）原料宜选择扁平状、易熟的原料，如板虾、扁形鱼类、肉排等。

（2）扁状原料刀工处理时应用刀尖斩一斩，便于入味成熟，同时防止原料受热后卷曲变形，影响美观。

（3）泥茸性原料制成饼状、球丸为宜，球丸宜小不宜大，可串成串状。

（4）常用的碎屑料有核桃、花生、腰果、松子、面包糠等。

（5）拖挂碎屑料时可用手轻轻按压使之粘牢。

（6）炸制时油温不宜过高，否则表面的碎屑料颜色过深，而内部的主料还不够成熟。

4. 成品特点

色泽金黄、外表酥松香脆、内部鲜嫩、别具风味。

5. 典型菜例

① 板炸虾

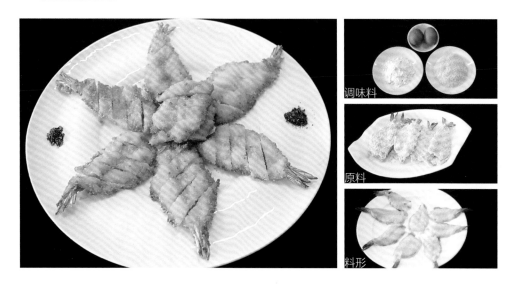

调味料

原料

料形

特点：色泽金黄，外酥松里鲜嫩。

原料：

整尾大虾300克，面包糠150克，鸡蛋液100克，面粉100克，食盐3克，料酒2克，味精2克，食用油750克，花椒盐5克。

制法：

（1）将虾去头、皮，摘除虾线，从脊背处下刀，片成合页形，剞上多十字花刀，用食盐、料酒、味精腌渍入味，逐个拍粉、拖蛋液、滚上面包糠，略压呈板形。

（2）将虾入六成热油中炸熟，呈金黄色，捞出控油，斩成小长条，摆在盘内即可，外带花椒盐上桌。

② 炸芝麻板肉

特点：色泽浅黄，外酥里嫩，芝麻香味浓郁。

原料：

猪通脊肉300克，芝麻150克，鸡蛋液100克，面粉100克，食盐3克，料酒2克，味精2克，食用油750克，花椒盐5克。

制法：

（1）将肉切成大厚片，剖上多十字花刀，用食盐、料酒、味精腌渍入味，逐个拍粉、拖上蛋液、均匀地沾上芝麻，略压呈板形。

（2）肉片入六成热油中炸熟，呈金黄色，捞出控油，斩成小长条，摆在盘内即可，外带花椒盐上桌。

调味料

原料

料形

五、酥炸

1. 定义

酥炸是将加工好的原料挂酥糊炸制或经蒸（煮）至酥软后直接或挂糊炸制成菜的烹调方法。

2. 工艺流程

原料加工→腌渍入味→初步熟处理（蒸、煮）→直接炸制（挂糊或拍粉）→装盘

3. 操作要点

（1）挂糊炸制的原料刀工处理多为条、片、块等形态，糊厚薄要适当。

（2）质老体大者宜蒸酥烂，质嫩体小的宜煮酥。

（3）炸制时要勤翻动原料，以保证成品色泽均匀，体大者要用手勺托住，以防煳底。

（4）炸制时油温不宜太高，因为多数原料已熟烂入味。

（5）整形的原料酥炸后亦可斩成条、块，再还原成形，要及时上桌。

4. 成品特点

色泽金黄或深黄、酥脆异常、香味浓郁。

5. 典型菜例

香酥鸡

特点：色泽深黄，质感酥脆，鲜香可口。

原料：

嫩公鸡1只，葱姜各10克，八角10克，桂皮10克，花椒10克，食盐5克，料酒10克，干淀粉100克，食用油750克，花椒盐适量。

制法：

（1）将鸡从背部开刀，去掉内脏，洗净，控干水分。

（2）用食盐、葱姜、料酒、八角、桂皮、花椒在鸡身内外涂抹均匀，腌制60分钟。

（3）将腌好的鸡蒸至软熟取出，拣去调料，晾干水分，挂上水粉糊（干淀粉加水调制）。

（4）锅内加油烧至六七成热，将鸡入锅浸炸至表皮酥脆、色呈深黄时捞出，沥尽油，斩成块，还原成形，跟花椒盐一起上桌。

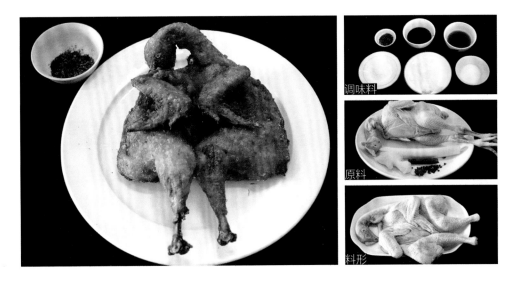

调味料

原料

料形

六、脆炸

1. 定义

广义的脆炸包括下面两种：

脆糊炸　加工处理后的原料，腌制后挂脆皮糊炸制。

脆皮炸　刀工处理后的原料焯水趁热涂抹上饴糖（或蜂蜜）晾干后炸制。

2. 工艺流程

脆糊炸　原料刀工处理→腌渍入味→挂脆皮糊→炸制

脆皮炸　原料粗加工→腌制→烫皮、上糖衣→晾制→炸制

3. 操作要点

脆糊炸要点：

（1）原料选择以无骨的动物性小形原料为宜，如鱼、虾、贝等小海鲜。

（2）脆皮糊的浓度要适宜，制糊时切忌搅拌上劲。

（3）炸制时分两步，第一步炸制定形；第二步炸制上色。动作要轻，避免碰破外皮，造成灌油现象。

脆皮炸要点：

（1）上糖衣时要趁热涂抹均匀，以免炸制时上色不匀。

（2）上糖衣后一定要晾干后再炸制，以保证原料成品外皮酥脆。

（3）炸制时切忌弄破外皮，以免影响外观。

4. 成品特点

脆糊炸　色泽金黄，外脆里嫩，光润饱满。

脆皮炸　色泽枣红，外脆里嫩。

5. 典型菜例

1 脆皮乳鸽

特点：色泽红润，皮脆肉香。

原料：

乳鸽1只，八角10克，丁香10克，甘草10克，花椒10克，草果10克，食盐3克，料酒3克，味精3克，饴糖50克，大红浙醋75克，食用油500克。

制法：

（1）乳鸽刺破眼球，以防炸制时爆裂溅油。

（2）各种香料制成料包，入锅中熬制1小时，加食盐、料酒制成卤汁，将乳鸽入卤汁中卤熟入味。

（3）将乳鸽挂起涂抹上用饴糖、大红浙醋调成的脆皮水，于通风处晾干。

（4）锅内加油烧热，将乳鸽下入炸至棕红色捞出，将炸好的乳鸽改刀，还原成鸽子状，上桌时带花椒盐。

② 脆炸虾仁

调味料

原料

料形

特点：色泽金黄，外脆里嫩，鲜香可口。

原料：

虾仁300克，食盐3克，味精2克，料酒2克，葱姜汁10克，食用油750克，淀粉50克，面粉20克，鸡蛋50克，泡打粉5克，花椒盐适量。

制法：

（1）虾仁加食盐、味精、料酒、葱姜汁，腌渍入味。

（2）淀粉、面粉、鸡蛋、泡打粉加适量水和食用油，调匀成脆皮糊。

（3）锅内油烧至七成热，将挂匀脆皮糊的虾仁入锅，炸至表面变硬时捞出，待油温升至八成热时，再将虾仁入锅，复炸至金黄色捞出，控油，装盘。

七、松炸

1. 定义

松炸是将质嫩形小的原料挂蛋泡糊后，入低油温中浸炸成菜的烹调方法。

2. 工艺流程

原料初加工→刀工处理→原料码味（甜味菜不用码味）→挂蛋泡糊→逐个下锅炸制上色→装盘

3. 操作要点

（1）水果宜切段、块、夹刀片（夹豆沙、果酱），其他原料宜制成泥，如肉、虾仁、贝丁等，调味宜清淡。

（2）挂蛋泡糊要均匀，圆滑。

（3）原料逐个挂糊，逐个下锅，不停翻动，使之受热均匀。

（4）宜使用浅色的纯净油脂。

（5）油温掌握在三四成热。

4. 成品特点

涨发饱满，口感松嫩，色泽嫩黄。

5. 典型菜例

雪丽香蕉

特点：色呈嫩黄，口感松嫩。

原料：

香蕉3根，鸡蛋清150克，干淀粉25克，面粉10克，白糖20克，食用油750克。

制法：

（1）香蕉去皮，切小段，用5克淀粉拌匀。

（2）鸡蛋清放入盛器内，用打蛋器抽打成蛋泡，然后加入干淀粉、面粉搅匀待用。

（3）锅内加油，烧至三成热时，将原料挂上蛋泡糊，逐个下锅，炸制成熟，捞出装盘，撒上白糖即可。

八、卷包炸

1. 定义

卷包炸是将加工成丝、条、片或粒、泥状的原料，腌渍入味后，用包卷皮包或卷起后入油锅炸制的烹调方法。

2. 工艺流程

原料刀工处理→调制馅料→备好包卷皮→卷包成形→炸制成菜→改刀装盘

3. 操作要点

（1）宜选用异味少，质地细嫩且滋味鲜美的原料。

（2）选择包卷皮有两种，一种是可食性的如蛋皮、网油、豆皮、面皮、糯米纸等，一种是不可食性的，如锡纸、玻璃纸等。

（3）条、片、丝状原料以卷为主，泥、粒状原料以包为主。

（4）卷、包收口处要用蛋液或湿淀粉粘牢以免炸制时浸油。

（5）用猪网油包裹原料时，可事先用料酒、盐、胡椒粉处理后再使用。

4. 成品特点

外酥脆、里鲜嫩、色泽金黄、鲜香可口。

5. 典型菜例

炸春段

原料

料形

特点：外酥里嫩，口味鲜香。

原料：

猪瘦肉150克，韭菜（或香椿芽）75克，竹笋20克，葱姜丝各10克，鸡蛋150克，水发海米30克，水发木耳20克，湿淀粉30克，面粉20克，食盐3克，酱油5克，清汤50克，味精2克，香油2克，食用油750克，花椒盐10克。

制法：

（1）将猪肉、竹笋、木耳切成丝。

（2）将肉丝上浆、滑油备用。锅内加底油烧热，加葱姜丝爆锅，再加入竹笋丝、木耳丝、海米、清汤，用食盐、味精、香油调味，烧开后用湿淀粉勾成浓芡为馅。

（3）鸡蛋液加入少许淀粉、食盐拌匀，制成蛋皮，每张从中间一割为二，备用。面粉加水调成稀糊备用。

（4）蛋皮逐块摆平，在半圆的蛋皮周围抹上少许面糊，再把肉馅分别摊在蛋皮的刀口面，上放韭菜（或香椿芽），卷成2厘米粗的圆柱形，入五六成热油中炸熟，呈金黄色，捞出控油，改刀成段，摆在盘内即可，上桌时带花椒盐佐食。

九、油泼

1. 定义

油泼是将鲜嫩小形的原料经调味品腌渍后，放在漏勺里，待油烧至八、九成热时，用手勺将热油均匀地泼在原料上，使之快速成熟的烹调方法。另外，原料经煮或蒸制成熟后，浇撒调料，用适量高温热油浇泼于原料上使之进一步成熟，这种方法也称油泼。

2. 操作要点

（1）油泼的原料一定要质嫩易熟。

（2）油泼时油温控制在八成热左右。

3. 成品特点

鲜嫩清香。

4. 典型菜例

① 油泼鲤鱼

调味料

原料

料形

特点：咸鲜微辣，质感软嫩。

原料：

鲤鱼1条（约750克），葱50克，姜10克，香菜10克，干辣椒10克，食盐3克，味极鲜酱油10克，料酒10克，醋5克，白糖5克，胡椒粉5克，清汤20克，味精2克，香油5克，食用油75克。

制法：

（1）将鲤鱼初加工处理好，改柳叶花刀。10克葱切成段，5克姜切成片，余下的葱姜均切成丝，干辣椒切成丝，香菜切成段。

（2）清汤加食盐、白糖、味精、胡椒粉、酱油、料酒、醋调成味汁。

（3）锅内加水，加葱段、姜片，将鱼下入锅中，加热煮至成熟。

（4）将鱼捞出，盛入盘中，浇上调味汁，撒上葱姜丝、香菜段、干辣椒丝。

（5）锅内加食用油、香油，烧至九成热，均匀地泼在鱼身上即可。

② 美极螺片

特点：咸鲜微辣，质感脆嫩。

原料：

大海螺4只，葱20克，姜10克，香菜10克，干辣椒10克，食盐2克，味极鲜酱油10克，料酒10克，白糖3克，胡椒粉5克，清汤20克，味精2克，香油5克，食用油75克。

制法：

（1）将大海螺破壳取肉，片成薄片。葱姜均切成丝，干辣椒切成丝，香菜切成段。

（2）清汤加食盐、白糖、味精、胡椒粉、酱油、料酒调成味汁。

（3）锅内加水烧开，加螺片焯熟，捞出控水，盛入盘中，浇上调味汁，撒上葱姜丝、香菜段、干辣椒丝。

（4）锅内加食用油、香油，烧至九成热，均匀地泼在螺片上即可。

学习单元6 煎

一、清煎

1. 定义

清煎也称干煎，是把加工成形的原料腌渍入味后，直接用油煎（或拍一层干粉再煎）制成菜的烹调方法。

2. 工艺流程

原料刀工处理→腌渍入味→炼锅→煎制成熟→装盘

3. 操作要点

（1）原料宜加工成扁平状，便于成熟。

（2）原料事先要腌渍入味。

（3）锅要炼滑。

（4）掌握好火候。

（5）适当进行辅助调味。

4. 成品特点

色泽金黄，外酥香、里软嫩。

5. 典型菜例

干煎丸子

调味料

原料

料形

特点：色泽金黄，外酥香、里软嫩。

原料：

猪五花肉300克，葱姜各10克，水淀粉20克，食盐3克，料酒8克，生抽10克，味精3克，香油2克，食用油100克。

制法：

（1）将五花肉斩蓉，葱姜切成米。

（2）五花肉蓉加食盐、料酒、生抽、味精、葱姜米、香油、水淀粉搅匀。

（3）锅炼滑，加底油烧热，将掐好的丸子摆入锅中，用手勺底部轻压呈扁圆形，不断旋锅，煎成金黄色，大翻勺，将另一面也煎成金黄色并且成熟，出锅装盘。

二、软煎

1. 定义

软煎也称蛋煎，是将加工处理后的扁平状原料，腌渍入味，再拍粉拖蛋液（或挂蛋糊），入油锅煎制成菜的一种烹调方法。

2. 工艺流程

选料→刀工成形→腌渍入味→拍粉拖蛋液或挂糊→小火煎制→装盘→辅助调味

3. 操作要点

（1）宜选用鲜嫩无骨的动物性原料，如鸡、虾、鱼、肉等，少数的植物性原料，如豆腐、西葫芦、土豆等。

（2）原料进行刀工处理以扁平状居多，也有的制成泥、蓉、饼等形状。

（3）煎制以前原料要有一个基础底味。

（4）锅底要光滑，待原料一面煎好后，再煎另一面。

（5）煎制时油量不可淹没主料，油少时可随时点入，并且要勤晃锅，以使原料受热均匀，上色均匀。

（6）煎制过程中要掌握好火候。

4. 成品特点

两面色泽金黄，外酥脆，里软嫩。

5. 典型菜例

煎带鱼

特点：色泽金黄，外酥里嫩，鲜香可口 。

原料：

带鱼300克，鸡蛋2只，淀粉40克，葱姜丝各10克，胡椒粉2克，食盐3克，味精2克，醋3克，料酒5克，食用油100克。

制法：

（1）将带鱼初加工、洗净，切成段，用食盐、料酒、醋、胡椒粉、葱姜丝腌渍入味。鸡蛋磕入碗内，搅匀成蛋液。

（2）锅炼滑，加入食用油，加热到三四成热，将带鱼逐块拍粉、拖蛋液，摆入锅中，用小火煎制，颜色变黄时，再煎制另一面至成熟，出锅装盘。

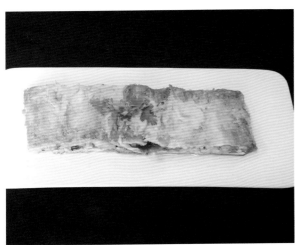
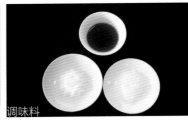
调味料

原料

学习单元7 贴

一、定义

贴是用两种或两种以上的原料粘贴成饼状或厚片状，入锅煎制成熟，使贴锅的一面酥脆，另一面软嫩的烹调方法。

二、工艺流程

选料→刀工成形→腌渍入味→粘合成形→装饰图案→贴制煎熟→装盘

三、操作要点

（1）贴制菜肴底面原料常用猪肥膘或面包片，表面原料大多选用新鲜细嫩的鸡、肉、鱼、虾等，加工成蓉状或片状。

（2）主料事先要码味，肥膘肉改刀成片状。

（3）贴制用油要洁净，并且油量不可过大。

（4）原料逐一下锅，并排成一定形状，要勤转锅，使原料成熟度一致。

四、成品特点

色泽：一面金黄，另一面多为白色。质感：一面酥脆，一面软嫩。

五、典型菜例

锅贴虾

特点：形态美观，一面酥脆、一面软嫩。

原料：

大虾9只，猪肥膘肉150克，鸡蛋50克，香菜叶10克，火腿10克，葱姜各10克，食盐3克，味精2克，料酒10克，香油2克，食用油100克，淀粉20克，花椒面5克。

制法：

（1）将肥膘肉切成长4厘米、宽2.5厘米、厚0.2厘米的片，平放在盘中待用。葱姜各5克切成丝，剩下的5克切成末。火腿切成末。将大虾去头、壳、虾尾、虾线，洗净，用刀在虾背部顺长划一刀成夹刀形，再用刀膛轻拍，使虾身扁平，锲多十字花刀，用刀头扦断纤维，用葱姜丝、食盐、味精、料酒腌渍入味，加蛋清、淀粉上浆待用。

（2）将肥膘肉铺底，撒上葱姜末、花椒面，再将虾摆在上面，点缀上香菜叶和火腿末。

（3）锅内加底油，将肥膘肉面朝下，放入锅内用小火煎至下面的肥膘肉呈金黄色且香脆、虾肉已经成熟，即用锅铲盛出，整齐地排在盘中即可。

课程2　水烹法

学习单元1　煮

一、定义

煮是将原料初熟处理后，放入汤中，先用旺火烧开，再用中小火煮熟成菜的方法。

二、工艺流程

选料→加工切配→煮制调味→成菜

三、操作要点

（1）原料要求新鲜，富含蛋白质，原料中的呈味、呈鲜物质易溶于汤中。如猪肉、禽肉、豆制品、鱼类等。

（2）刀工成形多以丝、片状为主，鱼类以段、块或整形居多。

（3）根据原料的性质和成菜要求掌握好火力和加热时间。

（4）口味以咸鲜为主，川菜中的水煮类则突出麻辣风味。

（5）掌握好汤菜的比例，要求汤菜各半，避免汤少菜多或汤多菜少。

四、成品特点

汤宽汁浓、汤菜合一、口味清鲜。

五、典型菜例

① 大煮干丝

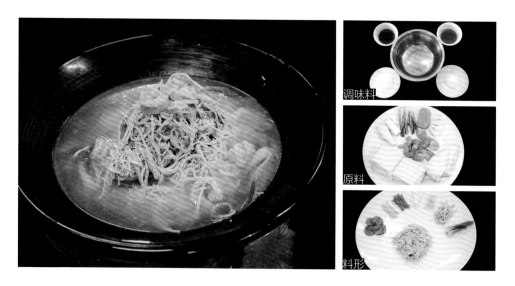

特点：色彩美观，绵软鲜醇。

原料：

白豆腐干300克，熟鸡丝30克，虾仁30克，熟火腿丝10克，冬笋丝30克，焯熟的豌豆苗10克，虾子15克，食盐3克，白酱油15克，鸡清汤500克，熟猪油150克。

制法：

（1）白豆腐干片成约0.15厘米厚的薄片，再切成细丝，放入盆中用沸水浸烫，浸烫时用竹筷轻轻翻动，拨散细丝，然后沥去水分，再用沸水浸烫两次（每次约2分钟）后捞出，沥去水后放入碗中。

（2）将锅置旺火上，舀入熟猪油（25克）烧热，放入虾仁炒至乳白色后起锅，盛入碗中。

（3）锅中加入鸡清汤，放入干丝，再将鸡丝、笋丝放入锅内一边，加虾子、熟猪油（125克），置中火上煮约15分钟。待汤浓厚时，加白酱油、食盐，盖上锅盖烧约5分钟后端离火，将干丝盛在汤盘中。然后将笋丝、豌豆苗分放在干丝的四周，上放火腿、虾仁即成。

② 水煮鱼

特点：麻辣鲜香，质感软嫩。

原料：

草鱼1条（约750克），黄豆芽150克，葱10克，姜10克，蒜5克，细香葱10克，八角5克，干辣椒10克，麻椒10克，食盐2克，白糖5克，酱油10克，料酒10克，豆瓣酱

20克，味精5克，清汤500克，食用油100克。

制法：

（1）草鱼初加工好，斩下鱼头，片下鱼肉。鱼头从中间劈开，鱼骨斩成段，鱼肉片成片。鱼片加食盐、料酒、味精腌渍入味，加淀粉上浆。葱姜蒜切成米，干辣椒切成丝，麻椒捣碎，细香葱切小丁。黄豆芽开水焯熟，过凉。

（2）锅上火，加入食用油烧热，放入八角、葱、姜、蒜爆香，加豆瓣酱炒出红油，加鱼头、鱼骨煸炒，加清汤、白糖、食盐、味精调好口味，烧开后，调中小火将鱼头、鱼骨煮熟，捞出盛在汤碗中，黄豆芽放在上面。

（3）锅内原汤烧沸，将鱼片分散下入锅内的汤汁中，煮熟后，盛入碗内，再将锅内的汤汁注入碗内，干辣椒、麻椒放在鱼片上。

（4）锅内加油烧热，均匀地浇在干辣椒、麻椒上，再撒上细香葱丁即可。

调味料

原料

料形

学习单元2 炖

一、清炖

1. 定义

清炖是将加工后的原料放入澄清的汤汁（或清水）中，加调味品，慢慢炖至酥烂的烹调方法。

2. 工艺流程

选料→刀工处理→焯水→下汤加料→炖制→调味盛装

3．成品特点

质地熟烂、汤汁清醇、原汁原味。

4．典型菜例

① 清炖狮子头

调味料

原料

料形

特点：咸鲜清醇，质地熟烂。

原料：

猪肋条肉（肥七成，瘦三成）800克，马蹄50克，白菜250克，青菜心100克，猪肉汤300克，绍酒100克，食盐10克，味精5克，葱姜汁30克，干淀粉25克，熟猪油50克。

制法：

（1）将猪肉切成石榴米状，放入盆内，加葱姜汁、食盐、绍酒、干淀粉搅拌上劲，选用7厘米左右长的青菜心洗净，菜头用刀剞成十字刀纹，切去菜叶尖。

（2）将锅添水，置于旺火上，将拌好的肉分成几份，逐份用双手来回翻几下，搓成光滑的肉圆，放入 锅中氽成形，烧沸后离火。

（3）取一口砂锅，将白菜帮铺排在锅底，倒入肉汤，置中火上烧沸。逐个排入肉丸，盖白菜叶后盖上锅盖，烧沸后移微火炖约2小时，加青菜心略煨，加适量盐、味精，上桌前去掉菜叶。

② 清炖鸡

特点：咸鲜清醇，质地熟烂。

原料：

肥嫩母鸡1只（约750克），葱段、姜片各15克，葱丝10克，香菜段10克，食盐5克，味精3克，料酒5克，花椒2克，八角2克，香油3克。

制法：

（1）将肥嫩母鸡剁成块，入沸水锅中焯去血污，控净水分。

（2）将锅置于火上，加入清水，放入料酒、食盐、葱段、姜片、花椒、八角，放入焯好水的鸡，大火烧开，撇净浮沫，改中小火将鸡炖至酥烂，拣去葱段、姜片、花椒、八角，加味精、香油，撒葱丝、香菜段，盛入汤碗即可。

调味料

原料

料形

二、侉炖

1. 定义

侉炖一般是将鱼、肉类原料经改刀挂糊炸制（或煎制）后，加汤和调味品，慢火炖至酥烂的烹调方法。

2. 工艺流程

选料→刀工处理→挂糊→炸制（或煎制）→添汤炖制→调味→成菜

3. 操作要点

炖制时火力不宜太猛，加热时间不宜太长，以免原料脱糊，影响成品美观。

4. 成品特点

汤汁浑浓，味美香醇。

5. 典型菜例

侉炖鱼块

特点：咸鲜酸辣，质地软嫩。

原料：

鲅鱼400克，葱段10克，香菜10克，姜片10克，竹笋片20克，花椒2克，八角2克，胡椒粉5克，食盐5克，料酒5克，味精3克，醋15克，香油3克，清汤750克，淀粉50克。

制法：

（1）将鱼切成块，沾匀淀粉，放入八成热的油中炸熟。

（2）葱一部分切丝，一部分切段，姜切片，香菜切段。锅内底油烧热，葱、姜、花椒、八角爆出香味，再加入清汤、食盐、料酒、鱼块、竹笋片慢火炖至入味，捞出葱姜、花椒、八角，出锅时烹入少许醋、胡椒粉、香油，加入葱丝、香菜即可。

调味料

原料

料形

学习单元3 氽

一、普通氽

1. 定义

氽是以水或鲜汤为传热介质，烹制汤菜的烹调方法。

2. 工艺流程

选料→切配→上浆或制泥→氽制→装碗成菜

3. 操作要点

（1）宜选用质地脆嫩的动植物性原料。

（2）刀工成形以丝、片、丁为主，要求大小、粗细均匀一致，加工成泥状的要求去筋剁细，拌匀上劲。

（3）原料有时需要上浆，主要是为了使原料更加细嫩、形状不变、色泽更洁白。

（4）成品汤量要多，且汤一定要鲜，口味以咸鲜为主，也有酸辣味的。

4. 成品特点

汤多而清鲜，质地细腻爽口。

5. 典型菜例

汆肉丸

调味料

原料

料形

特点：肉质细嫩，汤汁味鲜。

原料：

猪瘦肉300克，葱白15克，油菜心3棵，葱姜汁10克，水发木耳15克，食盐3克，味精2克，料酒5克，清汤500克，香油2克，蛋清25克，淀粉5克。

制法：

（1）将肉斩成蓉，加食盐、葱姜汁、味精、料酒、蛋清、淀粉搅匀，制成丸子备用，水发木耳撕成小朵，焯水备用，葱白切丝，油菜心焯水，过凉。

（2）将清汤倒入锅中，旺火烧沸，然后转小火，将丸子挤入汤中汆熟，捞出放入碗内，再放入木耳、油菜、葱丝。汤加调味品、香菜段，淋上香油，浇入碗内即成。

二、汤爆

1. 定义

汤爆属于汆的一种，原料先经焯水处理，放入汤碗中，再将调好口味的沸汤冲入碗内成菜的汆制方法。

2. 工艺流程

选料→切配→焯水→调汤→装碗成菜

3. 操作特点

（1）宜选用质地非常脆嫩的原料。

（2）刀工成形以丝、片、丁为主，要求大小、粗细均匀一致。

（3）操作要迅速，保证原料的质感。

（4）成品汤量要多，且汤一定要鲜，口味以咸鲜为主，也有酸辣味的。

4. 成品特点

汤多而清鲜、质地脆嫩。

5. 典型菜例

汤爆鸡胗

特点：口味咸鲜，质感脆嫩。

原料：

鸡胗300克，香菜10克，葱10克，食盐3克，味精2克，清汤500克，香油3克，胡椒粉2克。

制法：

（1）将鸡胗改菊花花刀，香菜切成段，葱切成丝。

（2）将鸡胗放入沸水中焯一下，捞出控净水，盛入盘中。

（3）将清汤倒入锅中，调好口味，旺火烧沸，盛入碗中。

（4）上桌后，将葱丝、鸡胗、香菜段放入碗中，汤冲入碗内即成。

学习单元4　烩

1. 定义

烩是将一种或几种初熟处理后的鲜嫩、小形原料，入锅加汤及调味品，中火短时间加热至成熟入味，勾以薄芡，使成品汤汁较宽的一种烹调方法。

2. 工艺流程

选料→刀工成形→初熟处理→炝锅→烩制→出菜

3. 操作要点

（1）原料要求鲜香、细嫩、易熟。

（2）刀工处理以小形为主，且要形状一致。

（3）初熟处理的原料焯水或滑油时断生即可。

（4）烩菜是一种汤汁较多的菜肴，汤菜各半，烩制时要用好的鲜汤，尤其是高档原料，要用高汤，不可用清水代替。

（5）烩制时的火力以中火为宜，尽量缩短成菜时间，保证原料的质感、色泽和鲜香味。

（6）掌握好投料的顺序。

（7）烩菜的芡汁属于薄芡。

4. 成品特点

用料多样，菜汁合一，色泽鲜艳，清淡鲜香，滑腻爽口。

5. 典型菜例

①烩乌鱼蛋

特点：半汤半菜，淡茶色，咸鲜酸辣。

原料：

腌渍乌鱼蛋100克，香菜5克，葱10克，姜10克，蒜5克，食盐3克，味精2克，酱油2克，料酒5克，醋10克，胡椒粉3克，香油2克，清汤500克，水淀粉25克，食用油20克。

制法：

（1）葱姜各5克切成葱段、姜片，余下的切成末，蒜切成末，香菜切成末。将乌鱼蛋入清水中浸泡1小时，撕成单片，放入碗内，加清汤、葱段、姜片、料酒入蒸锅蒸透。

（2）锅内底油烧热，加葱、姜、蒜末爆锅，加清汤，加食盐、味精、胡椒粉、酱油、醋调好口味和颜色，用水淀粉勾成米汤芡，放入乌鱼蛋片搅匀，淋上香油，装入汤碗内，撒上香菜末即可。

2 烩鸡丝

调味料

原料

料形

特点：半汤半菜，银红色，口味咸鲜。

原料：

鸡脯肉200克，火腿50克，冬菇50克，竹笋50克，葱姜各10克，青豆10克，食盐3克，味精2克，酱油2克，料酒5克，香油2克，清汤500克，水淀粉25克，食用油500克。

制法：

（1）将鸡脯肉切成丝，腌渍入味，上浆，放入五成热的油中滑熟备用。

（2）葱、姜、火腿、冬菇、竹笋均切成丝。

（3）锅内底油烧热，加葱、姜、冬菇、竹笋丝爆锅，加清汤、食盐、味精、料酒、酱油、青豆烧开，用湿淀粉勾成米汤芡，放入鸡丝、火腿丝搅匀，淋上香油，装入汤碗内即可。

学习单元5 焖

一、红焖

1. 定义

红焖是以酱油、面酱或辣酱为主要调味品，焖制后菜肴呈深红色的一种焖制方法。

2. 工艺流程

刀工处理→煸炒或油炸→爆锅→添汤调味→入主料→焖制→装盘

3. 成品特点

色泽深红、汁浓味醇、质地酥烂。

4. 典型菜例

红焖鱼

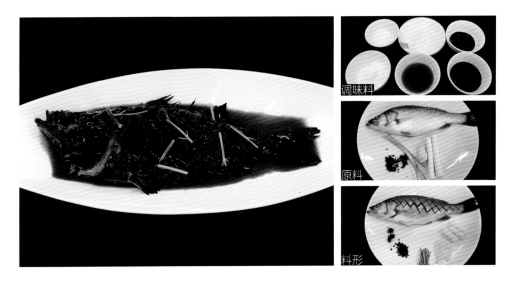

特点：色泽红亮，咸鲜香。

原料：

新鲜鲅鱼500克，葱姜各20克，蒜10克，花椒、八角各5克，食盐2克，面酱25克，酱油15克，料酒、醋各10克，味精3克，白糖15克，香菜5克，食用油750克，香油3克，清汤750克。

制法：

（1）将鲅鱼洗净斜片成马蹄块，抹上面酱，葱切成段，姜切成片，大蒜拍松，香菜梗切成段。

（2）锅内加油烧热，烧至八成热时放入鱼块炸成枣红色，捞出控油。

（3）锅内底油烧热，加入葱、姜、蒜、花椒、八角煸出香味，烹上料酒、醋，添清汤，加食盐、白糖、酱油，调好口味，下入炸好的鱼块，盖上锅盖。用中小火焖制熟透，收汁勾芡，加味精、香油，撒上香菜段，出锅装盘。

二、黄焖

1. 定义
黄焖是以酱油、糖色为主要调料，焖制后菜肴呈黄色的一种烹调方法。

2. 工艺流程
刀工处理→煸炒或油炸→爆锅→添汤调味→入主料→焖制→装盘

3. 成品特点
色泽浅黄，醇厚鲜香。

4. 典型菜例

黄焖鸡

特点：色泽黄亮，鲜香浓郁。

原料：

净嫩鸡1只（约500克），食用油500克，食盐5克，味精3克，酱油15克，料酒15克，葱段15克，姜块15克，香菜15克，香菇15克，花椒、八角各3克，白糖10克，香油3克。

制法：

（1）将鸡剁成3厘米见方的块，用酱油腌好，放入十成热的油中炸至金黄色捞出。

（2）锅内底油烧热，加葱姜、花椒、八角煸出香味，捞出不用，烹入酱油、料酒，加清汤、鸡块、香菇、糖色调好口味，急火烧开撇去浮沫，盖上锅盖。用小火焖至鸡块熟烂，大火收汁，加味精、香油装盘即可。

三、家常焖

1. 定义
家常焖是以面酱为主要调料，焖制后菜肴呈深红色的一种焖制方法。

2. 工艺流程
刀工处理→焯水→爆锅→添汤调味→入主料→焖制→装盘

3. 成品特点
色泽深红，醇厚鲜香。

4. 典型菜例

家常焖鱼

调味料

原料

料形

特点：色泽深红，酱香浓郁。

原料：

黄花鱼1条（约500克），猪五花肉片30克，葱10克，姜10克，蒜10克，韭菜段（或香菜段）10克，花椒5克，八角5克，面酱25克，酱油5克，食盐1克，白糖10克，味精3克，料酒5克，醋10克，香油3克，食用油50克。

制法：

（1）将鱼打多十字花刀或柳叶花刀，葱切成段，姜切成片，蒜拍松。

（2）将鱼入沸水锅焯水。

（3）锅内底油烧热，加五花肉片煸炒，再加葱、姜、蒜、花椒、八角煸出香味，然后加面酱炒香，烹料酒，添汤，加调味品调好口味，将鱼放入，大火烧开，撇净浮沫，改中小火将鱼焖熟且汤汁浓稠，撒韭菜段（或香菜段），淋香油，出锅装盘。

学习单元6　烧

一、红烧

1. 定义

红烧是将初步熟处理后的原料，放入锅中加入鲜汤，旺火烧沸，加入调味品，改用中小火烧至熟软、入味，勾芡成菜的烹调方法。

2. 工艺流程

选料→切配→初熟处理→调味烧制→收汁→装盘

3. 操作要点

（1）原料成形以条、段、块、厚片居多，也有整条（只）或自然形状的。

（2）初熟处理时根据原料性质选择合适的方法，大多以过油为主。

（3）过油走红前涂抹上色原料要均匀，以免出现颜色深浅不一的现象。

（4）添汤的量以汤盖住原料为度。

（5）调味、调色要准确。

（6）加热过程中火候要掌握好，先旺火烧沸，适时改用中小火，最后旺火收汁。

（7）收汁是红烧菜肴的关键，有提色和增强菜肴光泽的作用。

4. 成品特点

色泽红亮，质地软嫩，汁浓味厚。

5. 典型菜例

① 红烧鲤鱼

特点：色泽红亮，咸鲜微甜。

原料：

鲤鱼1条（500克左右），葱姜丝各10克，香菇丝10克，竹笋丝10克，香菜段5克，食盐2克，味精2克，白糖10克，料酒5克，酱油10克，醋10克，食用油500克，清汤250克，水淀粉50克，香油5克。

制法：

（1）将鱼的两面剞柳叶花刀，抹上酱油，入热油中炸制上色备用。

（2）锅内底油烧热，加葱姜丝爆锅，烹料酒、醋、酱油，添清汤，加入竹笋丝、香菇丝、食盐、白糖调味，将鱼下锅，大火烧开，中小火加热至入味熟透，捞出盛在盘内，撒上香菜段。

（3）锅内原汤加味精，用湿淀粉勾芡，淋上香油，浇在鱼身上。

调味料

原料

料形

② 红烧肉

调味料

原料

料形

特点：色泽红亮，咸鲜微甜。

原料：

带皮五花肉750克，葱姜各10克，花椒2克，八角3克，桂皮5克，香菜10克，食盐2克，味精2克，白糖25克，料酒5克，酱油10克，清汤500克，食用油25克。

制法：

（1）将五花肉皮面朝下，入水中煮熟且定形，凉透后改刀成大块。葱姜分别改成葱段、姜片，香菜切末。

（2）锅内底油烧热，加白糖炒至变红色，加入肉块煸炒至上色，加葱姜花椒、八角、桂皮爆出香味，烹入料酒、酱油，添入清汤，加食盐、白糖调好口味，大火烧开，撇净浮沫，改中小火将肉烧至入味、上色、熟烂且汤汁浓稠时，捡去葱姜、花椒、八角、桂皮，加味精、香油，颠翻均匀，出锅装盘，撒上香菜末。

③ 红烧茄子

调味料

原料

料形

特点：色泽红亮，咸鲜微甜。

原料：

茄子400克，蒜30克，香菜10克，食盐2克，味精3克，白糖10克，酱油10克，蚝油20克，食用油500克，淀粉50克，香油2克。

制法：

（1）将茄子去皮，改刀成滚料块，蒜切成末，香菜切成段。

（2）锅内加油烧至七八成热，将茄子拍粉，入油内炸至金黄色，捞出控油。

（3）锅内底油烧热，加蒜末、蚝油爆锅，烹入酱油，加清汤、食盐、白糖、味精烧开，用水淀粉勾成浓熘芡，加炸好的茄子旺火翻匀，撒上香菜段，出锅装盘。

二、干烧

1. 定义

干烧是在烧制过程中，用中小火将汤汁基本收干成自然芡，其滋味渗入原料内部、或粘附原料表面的烹调方法。

2. 工艺流程

选料→刀工处理→熟处理→调味烧汁→收汁→装盘

3. 操作要点

（1）初熟处理时鱼、虾类原料过油至表面结硬膜即可；蔬菜类适宜滑油，以起到定色、保鲜、缩短干烧时间的作用；干货类原料事先要煨好鲜香味。

（2）要把握好添汤的量。

（3）合理调味、调色，豆瓣酱一定要炒出红油，肉末要煸出香味。

（4）中小火烧制成菜，中火收汁，对不宜翻动的原料，要边收汁边取汁，浇淋于原料，以使其入味、上色。

（5）干烧菜不呈现汤汁，但成品并不显干燥。

4. 成品特点

色泽较深，亮油紧汁，爽口不腻。

5. 典型菜例

干烧鲤鱼

调味料

原料

料形

特点：色泽红亮，咸鲜微辣。

原料：

鲤鱼1条（约750克），清汤200克，猪脂油丁和雪里蕻丁各50克，青红柿椒丁、葱姜蒜米、干红辣椒丁、食用油、食盐、白糖、糖色、料酒、酱油、香油、辣椒油各适量。

制法：

（1）将鱼宰杀洗净后沥干水分，鱼身剞柳叶花刀，抹上酱油放热油中炸上色，捞出控油。

（2）锅内加底油，葱姜蒜米爆锅，煸炒脂油丁、干辣椒丁、糖色、雪里蕻丁，烹料酒、酱油，加入清汤，加食盐、白糖调好口味。

（3）把炸好的鱼放入锅内，大火烧开，改中小火将鱼烧透入味，盛入盘中。大火将锅内余汁收浓，加青红辣椒丁，淋上香油、辣椒油，浇在鱼身上即可。

三、葱烧

1. 定义
葱烧是红烧的一种，是以葱为主要配料的一种烧制方法。

2. 工艺流程
选料→切配→初熟处理→调味烧制→收汁→装盘

3. 操作要点
（1）葱的用量一般要占到整个菜肴总量的三分之一。

（2）葱一定要煸出葱香味。

（3）调味，调色要准确。

4. 成品特点
色泽红亮，质感软糯，葱香浓郁。

5. 典型菜例

葱烧蹄筋

特点：色泽红亮，质感软糯，葱香浓郁。

原料：

发好的蹄筋300克，大葱100克，食盐2克，白糖10克，味精3克，料酒5克，酱油10克，葱油5克，糖色10克，香油3克，水淀粉50克，清汤200克，食用油30克。

制法：

（1）将蹄筋切成段，放入100克清汤中焯一下，葱切成段。

（2）锅内底油烧热，加葱炒至金黄色，烹料酒、酱油，加清汤后加入食盐、白糖、糖色调味，将蹄筋下锅，大火烧开，用水淀粉勾成浓熘芡，淋上香油、葱油，出锅装盘。

学习单元7 扒

一、红扒

1. 定义

红扒是原料在扒制过程中，加入有色调味品，使成菜芡汁呈红色，突出酱油的口味和颜色的技法。红扒多选用色重（海参）、味厚（鸡、鸭、肘子）的原料。

2. 工艺流程

初熟处理→改刀→爆锅→入鲜汤和以酱油为主的调味品→入原料→慢火扒至原料熟烂→勾芡点明油大翻勺出锅

3. 成品特点

色泽红亮，汁浓味厚。

4. 典型菜例

扒酿香菇

调味料

原料

料形

特点：色泽红亮，鲜香浓厚。

原料：

大小相等的香菇10只，猪肥瘦肉150克，葱10克，姜10克，食盐3克，味精2克，味精3克，酱油10克，料酒10克，淀粉50克，香油5克，食用油25克，清汤100克。

制法：

（1）将香菇去掉菌柄，洗净，猪肉斩成蓉，葱姜切成末。

（2）香菇入沸水锅焯水，捞出控水。猪肉蓉内加葱姜末、食盐、料酒、味精、酱油、香油搅匀成馅。

（3）香菇凹面撒上干淀粉，抹上肉馅，入蒸锅中蒸制6分钟至熟，取出摆入盘中。

（4）锅内底油烧热，加葱姜末爆锅，烹料酒、酱油，加清汤、食盐、白糖、味精烧开，用水淀粉勾芡，淋香油，浇在盘内的香菇盒上即可。

二、白扒

1. 定义

白扒是原料扒制过程中不加有色调味品，调味以食盐为主，成菜芡汁白而明亮的技法。

2. 工艺流程

初熟处理→改刀→爆锅→入鲜汤和调味品→入原料→慢火扒至原料熟烂→勾芡点明油大翻勺出锅

3. 成品特点

色白而明亮，质嫩软烂，整齐美观。

4. 典型菜例

①　扒鱼腹

特点：色泽洁白，咸鲜软嫩。

原料：

牙片鱼肉200克，水发木耳10克，油菜心25克，葱姜汁50克，葱段50克，姜片50克，熟猪油25克，湿淀粉25克，食盐3克，味精2克，料酒5克，香油3克，蛋清25克，清汤100克。

制法：

（1）鱼肉斩成细蓉，加葱姜汁、清汤、食盐、味精、料酒、香油、蛋清打成鱼料子。

（2）将鱼料子挤成直径2厘米的丸子，下锅氽熟，捞出备用。

（3）锅内加底油烧热，葱姜爆出香味，捞去葱姜不用，加木耳、油菜心略炒，加清汤、食盐、味精、料酒，烧开，下入丸子略煨，用湿淀粉勾芡，淋上香油，大翻勺装盘即可。

调味料

原料

料形

② 海米扒油菜

调味料

原料

料形

特点：咸鲜，脆嫩。

原料：

油菜心400克，水发海米50克，葱姜蒜各10克，食盐3克，味精3克，料酒5克，水淀粉50克，清汤100克，香油3克。

制法：

（1）将油菜心洗净，入沸水锅中焯水，过凉，在盘中整齐地摆成扇形或圆形。葱姜分别切成丝，蒜切成片。

（2）锅内加底油烧热，用葱姜蒜爆锅，加海米、清汤、食盐、味精，烧开，将油菜心推入锅中，中火加热至入味熟透，加味精，用水淀粉勾芡，大翻锅，淋入香油，拖倒入盘中即成。

③ 浮油鸡片

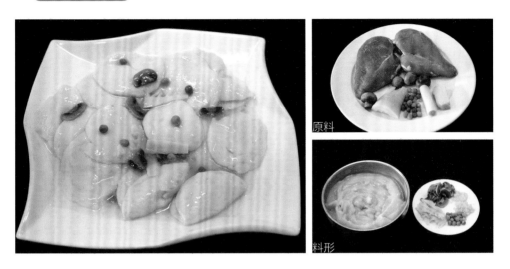

特点：色白，鲜嫩。

原料：

鸡脯肉300克，蛋清100克，口蘑20克，青豆10克，火腿20克，葱姜各15克，食盐3克，料酒2克，味精2克，清汤100克，水淀粉15克，香油3克，食用油20克。

制法：

（1）鸡脯肉斩成蓉，加葱姜汁、清汤、食盐、料酒、味精搅匀。葱姜切成末，口蘑切成片，火腿切成片。

（2）将鸡蓉入四五成热的油中吊成大片，捞出控油，用开水焯一下，去掉油腻。

（3）锅内加底油烧热，加葱姜末爆锅，加料酒、清汤、食盐、味精、口蘑片、火腿片、青豆烧开，放入鸡片，用淀粉勾芡，大翻锅，淋上香油，出锅装盘。

学习单元8　燔

一、定义

加工成形的原料经初熟处理后，加入调味品和适量的汤汁烧沸，用小火燔至入味、成熟，大火收成浓汁的烹调方法。

二、工艺流程

选料→切配→初熟处理→调味熻制→收浓汤汁→装盘

三、操作要点

（1）多选用新鲜易熟的鸡、鸭、鱼、虾等原料，刀工要求大小均匀，以保证成熟度一致。

（2）爆锅用的葱、姜、蒜均切成大片或块，以方便拣去。

（3）调色多使用糖色，以达到成菜色泽红亮的目的。

（4）熻制过程中注意火候，特别是最后汤汁很少时，要勤晃锅，收浓汤汁。

（5）熻制菜肴不勾芡，完全是自然收汁。

（6）装盘时宜用新鲜绿色蔬菜进行点缀，增加菜肴的色泽。

四、成品特点

汤汁少而浓稠，色泽红亮，原料味透。

五、典型菜例

熻大虾

特点：味浓醇厚，咸甜鲜嫩。

主料:

大虾500克。

调料:

葱段15克,姜10克(拍松),料酒10克,白糖75克,精盐3克,味精3克,植物油75克。

制法:

(1)将虾剪去须、脚,挑去虾袋、虾线。

(2)锅内底油烧至六成热时,投入葱段、姜块煸炒出香味后,放入大虾,用手勺不停地推动。见虾呈微红色时,烹入料酒,再加精盐、白糖和清水,移小火慢爆至汤汁浓稠,淋上亮油出锅即可。

学习单元9 爆

一、锅爆

1. 定义

锅爆是将加工成形的原料,挂糊后入锅内煎或炸至两面金黄,再加调味品和适量汤汁,慢火收汁成菜的烹调方法。

2. 工艺流程

选料→刀工处理码味→拍粉→拖蛋液→煎至两面金黄→添汤调味→收汁装盘

3. 操作要点

(1)宜选用细嫩易熟的原料,形状以扁平状居多。

(2)拍粉拖蛋液要均匀,且要现拍粉、拖蛋,现煎制。

(3)煎制时要掌握好火候,煎至两面金黄即可。

(4)添入的鲜汤和调味品的量要合适。

(5)装盘时注意摆放造型,需要改刀的操作要迅速,以免影响其质感。

4. 成品特点

色泽金黄,质感酥嫩,滋味醇厚。

5. 典型菜例

1 锅爆豆腐

特点:色泽金黄,外酥里嫩,滋味醇厚。

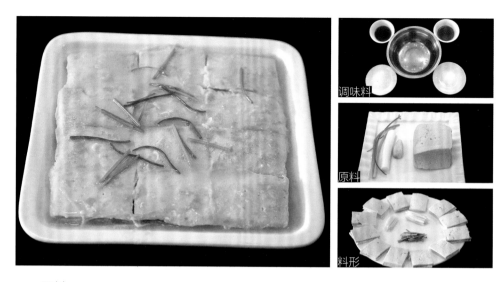

调味料

原料

料形

原料：

豆腐250克，香菜10克，鲜红椒10克，葱姜各10克，蛋黄100克，面粉50克，料酒10克，食盐3克，味精3克，香油5克，清汤100克，食用油50克。

制法：

（1）将豆腐切成长5厘米、宽4厘米、厚0.8厘米的片平摊在盘内，葱姜分别切成丝，香菜切成段，鲜红椒切成丝。

（2）将蛋黄打散。炒锅置中火上，放入食用油，把豆腐片两面拍上面粉，再在蛋液里拖过，逐片放入油锅内，将两面都煎成黄色，滗去余油。

（3）锅内底油烧热，葱姜丝爆锅，烹入料酒，加入清汤、食盐、味精，将煎好的豆腐推入锅中，中小火加热，待汤汁将尽时，加入香菜段、红椒丝，淋入香油，装盘即可。

② 锅煬鱼盒

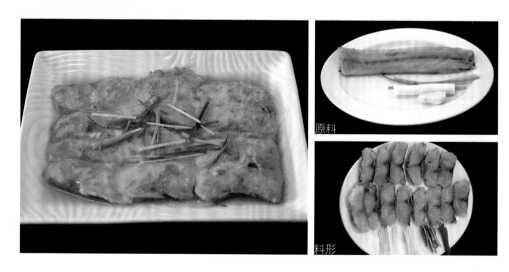

原料

料形

特点：色泽金黄，咸鲜酥嫩。

原料：

净鱼肉250克，猪肉泥100克，香菜10克，鲜红椒10克，葱姜各10克，鸡蛋黄100克，面粉75克，料酒10克，醋5克，食盐5克，味精3克，香油10克，清汤100克，食用油50克。

制法：

（1）将鱼肉片成长4厘米、宽3厘米的夹刀片，葱姜分别切成丝，香菜切成段，鲜红椒切成丝。鱼肉加料酒、食盐、味精、葱姜丝腌渍入味。猪肉泥加食盐、味精、香油调好味。鱼肉中间酿入肉泥成鱼盒。

（2）炒锅置中火上，放入食用油，把鱼盒两面拍上面粉，再拖上蛋黄液，逐个放入油锅内，将两面都煎成黄色，拖倒入漏勺中，滗去余油。

（3）锅内底油烧热，加葱姜丝爆锅，烹入料酒、醋，加入清汤、食盐，将煎好的鱼盒推入锅中，中小火加热，待汤汁将尽时，加入香菜段、红椒丝、味精，淋入香油，装盘即可。

二、滑熘

1. 定义

滑熘是将加工成形的原料，先滑油至嫩熟，再加调味品和适量汤汁，慢火收汁成菜的烹调方法。

2. 工艺流程

选料→刀工处理→腌渍入味→上浆滑油→添汤调味→主料入锅→收汁装盘

3. 操作要点

（1）宜选用细嫩易熟的原料。

（2）滑油时掌握好油温。

（3）添入的鲜汤和调味品的量要合适。

4. 成品特点

质感滑嫩，滋味醇厚。

5. 典型菜例

滑熘肉片

特点：咸鲜滑嫩，色泽棕红。

原料：

猪瘦肉350克，葱姜各5克，花椒面10克，蛋清25克，淀粉25克，料酒10克，食盐3克，味精3克，酱油10克，香油5克，食用油500克。

制法：

（1）将肉切成片，加食盐、味精、料酒、蛋清、淀粉码味、上浆。葱姜切末。

（2）锅内加油，烧至四五成热，将肉片倒入油中滑熟，捞出控油。

（3）锅内加底油，用葱姜末爆锅，加花椒面、料酒、酱油，将肉片下锅翻炒，加食盐、味精调好口味，淋上香油，出锅装盘。

调味料

原料

料形

课程3　　汽烹法

学习单元1　蒸

一、清蒸

1. 定义

清蒸是将精细加工的原料，先用调味品腌渍入味，然后加配料和鲜汤上锅蒸熟的方法。

2. 工艺流程

选料→刀工处理→初熟处理→装盘调味→蒸制成菜

3. 操作要点

（1）对原料的新鲜程度要求较高。

（2）焯水的原料一定要将表面处理干净。

（3）刀工要求精细、形态美观。

（4）清蒸菜最好放在蒸锅的上层，以防被其他有汤汁、有色泽的菜肴污染。

（5）成菜后拣去葱姜等，以保持菜肴清爽整洁，及时上桌食用。

4. 成品特点

清蒸菜基本为原料的本色，汤汁颜色较浅，口味咸鲜清淡，质地松软细嫩。

5. 典型菜例

清蒸加吉鱼

特点：口味清淡，肉质细嫩。

原料：

加吉鱼1条（750克左右），肥肉丝20克，葱姜丝各10克，冬笋丝10克，冬菇丝10克，香菜段10克，花椒、八角各5克，食盐5克，料酒10克，味精5克，香油5克，清汤20克。

制法：

（1）鱼洗净，改柳叶花刀，焯水，控净水，入盘内撒上食盐，摆上肥肉丝、冬笋丝、葱姜丝、冬菇丝、花椒、八角，上锅蒸熟，拣去花椒、八角。

（2）将盘内原汁入锅烧开，去掉浮沫，加食盐、料酒、味精、香油、香菜，浇在盘内的鱼上即可。

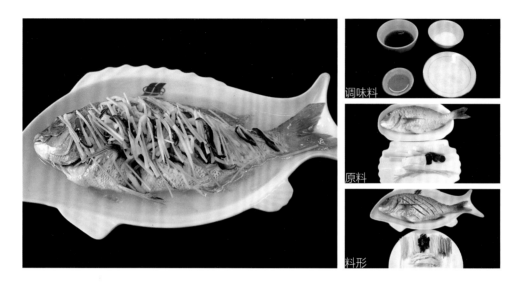

调味料

原料

料形

二、粉蒸

1. 定义

粉蒸是将原料加工切配后，用调味品拌渍，再将其用适量的米粉拌和均匀，上锅蒸熟的一种蒸制方法。

2. 工艺流程

选料→刀工处理→调味→拌匀米粉→蒸制成菜

3. 操作要点

（1）原料刀工处理大小要均匀，调味品入味要充分。

（2）对于缺少油脂的原料，在调味时要加入适量的油脂，以保证成菜后的油润质感。

（3）米粉是用干锅将米炒至淡黄色，凉凉后磨成末（不可过细）。

（4）拌米粉要均匀，干湿度以原料湿润不见汤汁为准。

（5）蒸制时要一气呵成，中途不能断火或降温，否则易出现回笼水，影响质量。

4. 成品特点

色泽金红或黄亮，油润醇香，质地软烂适口。

5. 典型菜例

粉蒸肉

特点：肉质酥糯，清香不腻。

原料：

猪肋肉600克，大米150克，葱丝30克，姜丝30克，五香面3克，酱油10克，甜面酱75克，白糖15克，料酒40克，清汤50克，食用油75克。

制法：

（1）将大米洗净，晾干水分，放在炒锅内，用小火炒拌至微黄色（防止炒焦）出锅，冷却后磨成粉。

（2）将猪肉皮刮净细毛，用清水洗净，切成长6厘米、宽3.5厘米、厚0.4厘米的片。

（3）将肉片放入盛器，加甜面酱、酱油、白糖、料酒、五香面、葱丝及姜丝拌和均匀，腌渍入味，然后和入米粉拌匀，使每片肉都粘上米粉，制成粉肉。

（4）将粉肉皮面朝下，一片靠一片地摆在扣碗内，上蒸锅蒸至熟烂，取出，翻扣于盘内即可。

学习单元2　烤

一、明炉烤

1. 定义

明炉烤是将刀工处理后的原料用烤叉叉好，在敞口的火炉、火盆或烤盘上反复烤至熟透的方法。

此法的优点是：方便操作、火候容易掌握，但因火力分散，所需烤制的时间较长。

2. 工艺流程

选料→初加工→腌渍入味→烤前处理→烤制→装盘→辅助调味

3. 操作要点

（1）明炉烤的原料表皮要保证完整。

（2）有些明炉烤的原料须经腌渍、吹气、上叉、烫皮、涂抹饴糖等过程。腌制时盐要擦透，吹气要适中，上叉时避免弄破表皮，烫皮时水温要适中，皮烫得要适度，涂抹饴糖要及时，并且要涂抹均匀。

（3）烤制时要不断翻动原料，以使其成熟一致，上色均匀。

4. 成品特点

色泽鲜艳，酥润鲜香。

5. 典型菜例

1 烤肉串

调味料

原料

料形

特点：咸鲜，酥嫩，香辣。

原料：

猪上脑肉300克，洋葱50克，食盐3克，白糖10克，味极鲜酱油10克，味精5克，料酒10克，鸡蛋50克，五香面10克，辣椒面15克，孜然面15克，食用油50克，竹扦20只，毛刷1只。

制法：

（1）将猪肉切厚片，加食盐、白糖、酱油、料酒、味精、鸡蛋、洋葱、五香面腌渍入味。

（2）将腌好的肉片用竹扦串好。

（3）将串好的肉放在炭炉上，两面刷上食用油，待肉烤至外酥里嫩时，撒上孜然面、辣椒面，装盘即可。

② 烤海鲫鱼

特点：咸鲜，香辣。

原料：

海鲫鱼10条，葱姜各20克，食盐5克，味精5克，料酒10克，辣椒面15克，孜然面15克，食用油50克，竹扦20支，毛刷1只。

制法：

（1）将葱姜分别切成丝，将海鲫鱼剞柳叶花刀，加葱姜丝、食盐、料酒、味精腌渍入味。

（2）将腌好的鱼用竹扦串好。

（3）将串好的鱼放在炭炉上，两面刷上食用油，待鱼烤至外酥里嫩且成熟时，撒上孜然面、辣椒面，装盘即可。

③ 烤大虾

特点：咸鲜，脆嫩。

原料：

大虾10只，食盐5克，味精5克，食用油50克，竹扦10支，毛刷1只。

制法：

（1）将虾用竹扦串好。

（2）将串好的虾放在炭炉上，表面刷上食用油，边烤边撒食盐，待虾烤至外酥里嫩且成熟时，撒上味精，装盘即可。

原料

料形

二、暗炉烤

1. 定义

暗炉烤是将原料放置在封闭的炉内挂上烤钩、叉或放入烤盘内烘烤至熟的烹调方法。一般成品不带卤汁的用钩、叉，带卤汁的用烤盘。此法的优点是：温度较稳定，原料受热均匀，易熟透，所用的时间较短。

2. 工艺流程

选料→刀工处理→腌渍入味→封闭烤制→刀工处理→装盘→辅助调味

3. 操作要点

（1）原料事先要码味处理。

（2）要控制好烤炉的温度。

（3）烤制好的菜肴应迅速上桌，以保证其脆度、香味和色泽。

4. 成品特点

色泽金黄，外酥脆，里软嫩。

5. 典型菜例

烤加吉鱼

特点：口味咸鲜，香气浓郁，外酥里嫩。

原料：

加吉鱼1条（约1000克），油菜心150克，肥肉片100克，葱段15克，姜片5克，食盐5克，料酒20克，白糖15克，酱油25克，清汤100克，食用油750克。

制法：

（1）将鱼改柳叶花刀，周身抹上酱油，入八九成热的油中快速地冲炸一下，捞出放入烤盘内。油菜心焯水备用。

（2）将肥肉片、葱段、姜片放在鱼身上。

（3）锅内加清汤、食盐、味精、白糖、料酒、酱油烧开，浇在鱼身上。

（4）将鱼放入烤炉内，烤制20分钟，期间打开炉门，将盘内的调味汁往鱼身上浇淋几次。鱼熟后取出，去掉肉片、葱段、姜片。

（5）将油菜心整齐地摆在鱼的两侧，将烤盘内的余汁均匀地浇在鱼身和油菜心上即可。

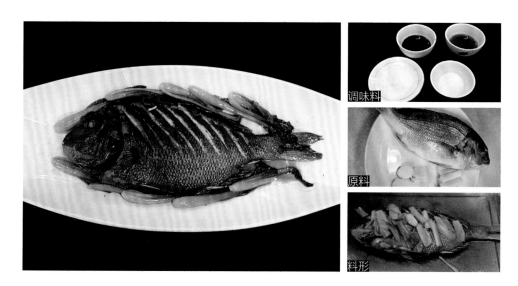

调味料

原料

料形

課程4　特殊烹法

学习单元1　拔丝

1. 定义

拔丝是将经过油炸的小形原料，粘裹上用白糖熬制的糖浆，用筷子夹起能拔出丝的一种烹调方法。

2. 工艺流程

选料加工→预熟处理→熬制糖浆→下料裹匀糖浆→成菜装盘

3. 操作要点

（1）原料挂糊要适度均匀。

（2）原料过油时要掌握好色泽和质感。

（3）做拔丝菜最好备两只锅，一边化糖，一边炸料。

（4）油化糖时底油不可过多，以免原料粘裹不上糖浆。

（5）不管是那种化糖法，化糖时都要掌握好火候。

4. 成品特点

呈琥珀色，晶莹明亮，外脆里嫩，口味香甜。

5. 典型菜例

1　拔丝苹果

特点：色泽金黄，香甜可口。

原料：

苹果500克，白糖125克，淀粉75克，鸡蛋50克，食用油750克。

制法：

（1）将苹果去皮、去核，切成滚料块。

（2）用淀粉、鸡蛋和成浓糊，苹果挂匀浓糊，入七成热油中炸透，呈金黄色，捞出控净油。

（3）清水下锅，加糖炒至出丝时，将炸好的苹果倒入颠翻，粘匀糖浆，装盘即可。

调味料

原料

料形

② 拔丝蛋泡肉

调味料

原料

料形

特点：呈淡黄色，香甜可口。

原料：

鸡蛋清150克，肥肉100克，白糖125克，淀粉75克，食用油75克。

制法：

（1）将蛋清搅打成蛋泡，加干淀粉搅匀。肥肉斩成蓉，加白糖搅匀，做成指丁大的丸子。

（2）将丸子逐个用蛋泡糊包住，入五成热的油中炸成鸡蛋形状，待呈淡黄色时，端锅离火。

（3）清水下锅，加糖炒至出丝时，将炸好的蛋泡肉捞出，倒入颠翻，粘匀糖浆，装盘即可。

③ 拔丝土豆

原料

料形

特点：色泽金黄，香甜可口。

原料：

土豆500克，白糖100克，食用油750克。

制法：

（1）将土豆去皮、洗净，改刀成滚料块。

（2）将土豆块入水中煮至八九成熟，捞出控干净水分。再入八成热的油中炸熟呈金黄色，捞出控油。

（3）清水下锅，加糖炒至出丝时，将炸好的土豆倒入锅内颠翻，粘匀糖浆，装盘即可。

学习单元2 蜜汁

1. 定义

蜜汁是指将白糖（冰糖或蜂蜜）与清水熬化煮浓，放入加工处理好的原料，经熬或蒸制，使甜味渗透，质地酥糯，再收浓糖汁成菜的烹调方法。蜜汁的命名，大体有两种说法：一是在调制甜汁中，使用蜂蜜而得名；另一种说法是因所用上等绵白糖、冰糖调制的甜汁，味甜如蜜，故而称为蜜汁。冰糖比白糖质量好且味甜，冰糖调制的甜汁大都用在高级原料上，也不称蜜汁，而直接冠以冰糖，如"冰糖银耳""冰糖燕窝"等，从技法上讲，仍属于蜜汁的范围。

2. 工艺流程

选料加工→熬制糖浆→下料→蜜制收汁→成菜装盘

3. 操作要点

（1）莲子、白果等干料蒸发时不宜与糖同蒸，否则不易蒸糯。

（2）要掌握好菜肴的甜度，以不觉腻口为宜。

（3）熬制糖浆时要控制好火力。

（4）掌握好原料的成熟度。

4. 成品特点

色泽美观，糖汁浓稠，软糯香甜。

5. 典型菜例

① 蜜汁山药墩

调味料

原料

料形

特点：金黄色，甜糯。

原料：

山药500克，白糖100克，蜂蜜25克，食用油500克。

制法：

（1）将山药去皮、洗净，切成5厘米高的墩，摆在盘内，上锅蒸熟，取出。

（2）锅内加入清水，加糖化至出丝时，加开水、蜂蜜，放入山药墩煨透，将山药墩盛入盘中，锅内的汁收浓，浇在山药上即可。

② 蜜汁甜糕

特点：深红色，香甜。

原料：

鸡蛋300克，肥肉75克，面粉50克，白糖150克，蜂蜜25克，食用油750克。

制法：

（1）将肥肉斩细，加白糖搅匀。蛋清、蛋黄分别打入碗内，蛋清打成蛋泡，加蛋黄、面粉搅匀。

（2）锅炼滑，加底油，将搅好的蛋糊一半倒入锅内，撒上肥肉泥，再将另一半蛋糊倒在顶上，用热油不断浇淋至熟且呈金黄色，捞出控油。

（3）锅内加入清水，加糖化至出丝时，加开水、蜂蜜，放入炸好的蛋糕煨透，出锅装盘即可。

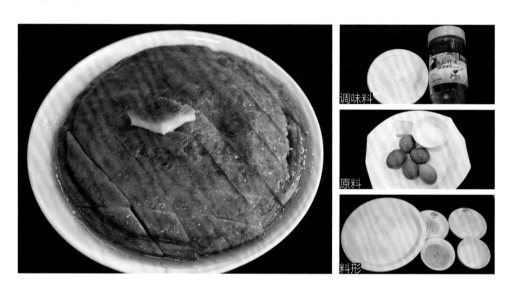

调味料

原料

料形

学习单元3 挂霜

1. 定义

挂霜是将原料加工成形，挂糊或不挂糊，投入多量的油中炸透，然后再投入用少量水熬化的糖浆中搅匀，冷却后原料表面凝结成一层糖霜的烹调方法。

2. 工艺流程

选料加工→预熟处理→过油或烤制→熬制糖浆→下料裹匀糖浆→成菜装盘

3. 操作要点

（1）预熟处理时要掌握好原料的色泽和质感。

（2）熬制糖浆时要控制好火候。

（3）投入原料，糖开始返砂时动作一定要轻柔，使糖浆裹牢原料。

4. 成品特点

色泽洁白、甜香酥脆。

5. 典型菜例

① 挂霜花生米

特点：色白如霜，香甜酥脆。

原料：

花生米300克，白糖150克，食用油500克。

制法：

（1）锅内加油，下花生米炸熟，凉透后去皮。

（2）锅内加清水，加白糖熬化至水分完全蒸发，将锅端离火口，加入花生米，轻轻翻拌，使花生裹匀糖浆，凉凉成霜即可。

调味料

原料

② 酥白肉

特点：白里透黄，香甜酥脆。

原料：

猪肥膘肉100克，白糖150克，蛋黄100克，干淀粉50克，食用油500克。

制法：

（1）将肉切成3厘米长、1厘米宽、0.3厘米厚的片，逐片拍上干淀粉。蛋黄、淀粉和成浓糊。

（2）肉片挂匀蛋糊，入六成热的油中小火炸酥、呈金黄色，捞出控油。

（3）锅内加清水，加白糖熬化至水分完全蒸发，将锅端离火口，加入炸好的肉条，轻轻翻拌，使其裹匀糖浆，凉凉成霜即可。

原料

料形

学习单元4 盐焗

1. 定义

焗是将加工整理好的原料腌渍入味，用薄纸包裹，埋入炒热的盐中加热成熟的一种烹调方法。

2. 工艺流程

选料→加工整理→腌渍入味→包裹→埋入热盐中焗制→装盘

3. 操作要点

（1）选料要准确。

（2）原料要包裹严实。

（3）用盐量要适当，一定要能把原料埋住。

（4）炒盐时温度要够，温度在180℃以上才符合标准。

4. 典型菜例

盐焗大虾

特点：原形原味，风味浓郁。

原料：

基围虾12只，葱姜各15克，料酒10克，味精3克，粗盐1000克，盐焗专用纸12张，竹扦12支。

制法：

（1）将虾初加工好，洗净，用食盐、料酒、味精腌渍入味。

（2）将虾逐只用竹扦串好，包上盐焗纸。

（3）锅内加粗盐炒热，一部分倒入盘中，将虾摆上，再将另一部分炒热的盐盖在上面，焗制10分钟。

（4）将虾从盐中取出，装盘即可。

学习单元5　铁板烧

1. 定义

铁板烧又称铁板烤，是将加工、调味的原料烹制好，随着烧热的铁板一起上桌，边烧边食用的一种烹调方法。

2. 工艺流程

烧铁板→加工整理→烹制→菜入铁板→铁板上盖→揭盖食用

3. 操作要点

（1）铁板一定要烧热。

（2）刀工处理时，原料的形状要合适。

（3）烹制时要掌握好原料的成熟度。

（4）调味要准确，调制的汤汁的量要适当。

（5）操作时要注意安全，防止烫伤。

4. 典型菜例

① 铁板土豆片

调味料

原料

料形

特点：色泽艳丽，咸鲜微辣，干香可口，诱人食欲。

原料：

土豆片350克，青红辣椒各15克，洋葱25克，葱姜各10克，食盐1克，白糖10克，味精3克，料酒5克，味极鲜酱油10克，红油豆瓣酱15克，香油5克，清汤75克，水淀粉50克，食用油750克。

制法：

（1）将土豆、青红辣椒切成象眼片，洋葱切成丝，葱切成豆瓣状，姜切成片。

（2）将切好的土豆入七成热的油中炸熟呈金黄色，捞出控油。

（3）锅内加底油烧热，加葱姜爆锅，加豆瓣酱炒出红油，加青红椒片煸炒，烹料酒、味极鲜酱油，加清汤和食盐、白糖，调好口味，用水淀粉勾芡，将锅内的汤汁盛出一部分入碗内。将炸好的土豆片入锅内的汤汁中，翻炒均匀。

（4）在烧热的铁板内均匀地铺上洋葱丝，淋入香油，将烹制好的土豆片盛在洋葱上，浇上碗内的汤汁，盖上盖子，上桌即可。

② 铁板牛柳

特点：咸鲜微辣，质感软嫩，诱人食欲。

原料：

牛柳350克，青红杭椒各15克，洋葱25克，葱姜各10克，食盐1克，白糖10克，味精3克，料酒5克，味极鲜酱油10克，蚝油15克，香油5克，清汤75克，水淀粉50克，食用油750克。

制法：

（1）将牛柳切成片，青红杭椒切成段，洋葱切成丝，葱切成豆瓣状，姜切成片。

（2）将牛柳加食盐、味精、白糖、料酒腌渍入味，加湿淀粉上浆，入四成热的油中滑至嫩熟，捞出控油。

（3）锅内加底油烧热，加葱姜爆锅，加青红杭椒煸炒，加蚝油，烹料酒、味极鲜酱油，加清汤，调好口味，用水淀粉勾芡，将锅内的汤汁盛出一部分入碗内。将滑好的牛柳入锅内的汤汁中，翻炒均匀。

（4）在烧热的铁板内均匀地铺上洋葱丝，淋入香油，将烹制好的牛柳盛在洋葱上，浇上碗内的汤汁，盖上盖子，上桌即可。

调味料

原料

料形

参考文献

［1］冯玉珠. 烹调工艺学：第四版. 北京：中国轻工业出版社，2017.

［2］冯玉珠. 烹调工艺实训教程：第二版. 北京：中国轻工业出版社，2014.

［3］徐书振. 烹调工艺实训：基础篇. 北京：中国轻工业出版社，2015.

［4］曲少卿，巩显芳. 中式烹调工艺. 北京：中国轻工业出版社，2011.

［5］杨宗亮，黄勇. 冷菜与冷拼实训教程. 北京：中国轻工业出版社，2018.

［6］钱峰，许鑫. 花色拼盘设计与制作. 北京：中国轻工业出版社，2015.